もっともっとわんこを愛したいあなたへ

犬語レッスン帖

SkyWan! Dog School 代表
井原 亮・監修

はじめに

犬の気持ちを知るには何を見ればいい？

犬が発するサインを受け止めましょう

犬は群れで暮らす動物です。人間と暮らせば、そこが自分の所属する群れであり、その中の仲間を守って共に生きようとします。群れでうまく暮らすにはコミュニケーションをとることが不可欠。そのため、犬はあらゆる方法で自分の気持ちを仲間である人間に伝えようとしてきます。その努力にこたえ、人間側が犬の気持ちをうまく受け止めることができれば、

1 鳴き声を聞こう

犬どうしは鳴き声だけでコミュニケーションをとろうとしません。子犬が母犬に対して要求があるときなどは、顔をなめて知らせれば事足りるのです。しかし、対人間の場合、鳴き声はすぐに反応が得られる有効な手段となります。とはいえ、飼い主さんがあまり鳴き声に反応してしまうと、それが定着して、問題になるケースもあります。

姿勢の変化を観察しよう 2

言葉が話せないぶん、犬にとってはボディランゲージが重要になります。毛を逆立てて体を大きく見せ、今にもけんかをしそうな体勢のときでも、前のめりになっているのか、体を後ろに引きぎみなのかによって、気持ちが異なります。体の一部を見て決めつけず、表情や全身をよく見て気持ちを判断することが大切です。

犬も人も幸せに暮らすことができるでしょう。

　そのためには、犬の習性を理解し、様子をよく観察することが大切です。また、犬種による性質の違いも理解しましょう。

3 しぐさや表情から読みとろう

犬の表情は実に豊かです。笑って見えたり、悲しい目をしたり、よく観察すればそこから気持ちがわかるようになります。また、首をかしげたり、体をブルブルッと振ったり、しぐさにも気持ちは如実に表れます。犬どうしは、こうしたしぐさなどから相手の気持ちを読みとり、無用な争いを避けています。

行動の意味を知ろう 4

道に落ちているものを食べてしまったり、顔を執拗になめてきたり、ときには「どうしてそんなことするの!?」という行動をします。しかし、犬は飼い主さんを困らせるために、そういった行動をするのではありません。そこにはきちんと犬なりの理由があるのです。その理由や気持ちを受け止めて、愛犬に接するようにしましょう。

犬は、基本的に「スーパーポジティブシンキング」

犬の感情には「喜怒楽」しかないのかも

犬は人間と同じように豊かな感情をもちます。ただし、喜怒哀楽の「哀」は少ないと言われています。

本来群れで生きる犬は留守番が苦手です。飼い主さんの帰りを待ちわびているものですが、それは「ひとりでさみしい」というより、「ひとりは不安」という気持ちからだと考えられます。怒られて悲しそうな顔をすることもありますが、やはり「怖い」「いやだな」と

しっぽを振っていても、うれしがっているとは限りません。表情にも注目しましょう。

ポジティブな感情

大好きな散歩に行くときや、飼い主さんが帰ってきたときなど、うれしい気持ちを爆発させた犬は、しっぽをブンブン振ったり、ワンワン吠えたり、飼い主さんの顔をなめまわしたり、様々な方法でその気持ちを表します。なかにはうれしすぎておしっこをしてしまう犬も。あまりに興奮しすぎるときには、1回冷静にさせる必要もあります。

いう気持ちが強いのです。

犬には、基本的に「喜」「楽」というポジティブな感情があって、ネガティブな感情は「怖い」や自分を守る気持ちから派生する「怒」くらいだと考えられています。

怖がって吠えている犬を、抱っこして落ちつかせてあげるなどすると、「吠えれば抱っこしてもらえる」と学習してしまいます。

小型犬のほうが、「やられる前に」と早めに攻撃に出る傾向があります。

ネガティブな感情

怖いことがあったり、痛い目にあったりすると、牙をむいたり、うなり声をあげたりして、「いやだ」という気持ちを伝えてきます。それでもやめてもらえないときには、その次の吠えるという行動、さらにやめてもらえなければ攻撃という行動に移行していきます。犬は本来無用なけんかはしたくありません。ネガティブな感情に早めに気づいて、それ以上怖い思いをさせないようにしましょう。

Contents

LESSON 2

ボディランゲージを読みとろう

LESSON 3

行動の意味を探ろう【観察編】

LESSON 4 行動の意味を探ろう【暮らし編】

LESSON 5

行動の意味を探ろう【コミュニケーション編】

LESSON 1

鳴き声を聞こう

Q1 「ワンワン」って吠えるのはどんなとき？

犬ゴコロ

ねえねえ〜♪

犬が飼い主さんを見て吠えるのは、何かを「要求」しているサイン。高めの声で連続して吠えていたら、それはやって欲しいことがあって、「ねえねえ〜♪」と声をかけています。

「ワンワンワン」と吠えて、一拍おいてから再度くり返すときは、わんこが粘っている状態。「吠えたら○○してくれた」という経験を覚えていて、「吠えれば何とかなる」と開き直っているのかも。「ダメなものはダメ！」という態度を見せないと、おねだり犬になってしまうので、要注意！

犬の格言 吠えるが勝ち！

こんな犬ゴコロも

出してよ～

サークルの中から飼い主さんに向かって「ワンワンワン」と吠えていたら、「ここから出して～」という要求です。扉を開けてあげると「待ってました！」とばかりに大喜びで出てくるでしょう。昼間お留守番をしていた犬なら、「早くお散歩に行こうよ」と催促しているのかもしれませんね。

こんな犬ゴコロも

ちょうだいっ

わかりやすいのは、フード皿やフードがしまってある場所の前で「ワンワンワン」と吠えるとき。「おなかすいた～」と、食べ物を要求しています。食事の時間ならいいけれど、吠えるたびにおやつをあげてしまうと、食いしん坊でわがままになってしまう可能性大。メタボ予防のためにも、おやつのあげすぎは禁物です。

Q2 「ワンッ」って短く吠えるのはどんなとき？

犬ゴコロ

ちょっと！

本来野生の犬は、外敵に居場所を察知されないようにあまり吠えずに生活しています。飼い犬が吠えるのは、吠えると要求が通ることを覚えたから。そのため、飼い主さんに何かをしてほしいときは、「ワンワンワン」としつこく何度も吠え続けて、要求を通そうとすることが多いのです。

ひと声「ワンッ」と吠えるときは、何かを要求したいわけではなく、「ちょっと！」と、とりあえず声をかけた感じ。それほど切実な気持ちはなく、「ちょっと呼んでみただけ」なのです。

犬の格言 要求は粘って通せ

COLUMN

母犬には吠える以外の方法で要求をする

子犬は、不安なときを除き、母犬に何かを要求しようとして鳴くことはほとんどありません。なぜなら、犬の鳴き声は言語ではないから。犬どうしで吠え合っていても会話をしているわけではないのです。

子犬がお母さんに「こっち向いて」「ごはんちょうだい」と要求するときは、母犬のそばに行って顔をなめたりします。すると、母犬も子犬をなめて「おっぱいあげようね」と、要求にこたえるのです。

こんな犬ゴコロも

遊ぼうよ！

仲良しの犬に向かって「ワンッ」と吠えるのは、「遊ぼうぜ！」という犬どうしの合図。こんなときのわんこは、お尻を上げたりしっぽを振って、遊びたい気持ちを全身で表現します。ただし、面識のない犬どうしが吠え合っている場合は、警戒のサインかもしれません。けんかにならないよう、様子をよく観察しましょう。

Q3 「キャインッ」って鳴くのはどんなとき？

犬ゴコロ

痛いよ〜っ！

うっかり犬の足を踏んづけてしまったとき、「キャインッ」と悲痛な声で鳴かれたことはありませんか？　これは、言わずもがな、犬が痛がっているときの鳴き声。突然のハプニングに対する驚きと、身体的な苦痛が重なって、この声が出るのです。いかにも辛そうで、とっても心が痛みますね。

犬が悲鳴のような声で鳴くのは、「痛い」「怖い」などのマイナスの感情によるもの。外的要因がないのにこの声で鳴いていたら、けがや体調不良をうったえている可能性があります。

犬の格言　**阿鼻《あび》キャイン喚《かん》！**

Q4 「アオーン」って遠吠えするのはどんなとき？

犬ゴコロ

ここにいるよ

遠吠えは、もともと犬の祖先とされるオオカミが、遠くにいる仲間に向かって「ここにいるぞ〜」と自分の存在をアピールするためにやっていたこと。その本能は、犬たちにも残っています。

最近は室内犬が多くなり、遠吠えする犬は少なくなりました。しかし、外で飼われている犬が、どこかで1匹「アオーン」と鳴きだすと、あちこちから遠吠えが聞こえてくることがあります。人間社会になじんだ現代の犬も、たまには野生気分に浸っているのかもしれませんね。

犬の格言 野生気分で自己アピール！

Q5 「ク〜ン」って鳴くのはどんなとき?

犬ゴコロ

寂しいよ

鼻にかかったか細い声で「ク〜ン」と愛犬が鳴いていたら、「寂しいよ」といじけているのかも。顔の表情も悲しげで、つぶらな瞳で何かをうったえかけているように見えます。ペットホテルや動物病院に預けるときも、別れ際に「ク〜ン」と鳴かれてしまうと、「行かないで」と言われているようで、つい一緒にいてあげたくなるのが親心。

しかしじつはこれ、賢いわんこの作戦かも。「普通に吠えるより反応がいいぞ」と悟り、「ク〜ン」と甘え声を出しているケースもあるのです。

犬の格言 ぶりっこはお願いを叶える常套手段

こんな犬ゴコロも

ダメかぁ……

はじめは「ワンワンワン」と元気よく自己主張していた犬が、最後に「ク～ン」と言って鳴くのをやめることがあります。これは、「かまって～」といくら鳴いても要求は通らないと気づいて、あきらめるときの鳴き方。ワクワクしていた気分もだんだんトーンダウンして「ダメだこりゃ」と自分で納得するのです。

こんな犬ゴコロも

……もうっ

じっと飼い主さんを見つめながら、控え目に「ク～ン、ク～ン」と鳴いていた犬が、だんだん落ちつかない様子になり、こらえきれずに「ワンッ」と吠えてしまうことがあります。これは、要求したいけど、我慢しなきゃという葛藤を抱えているときの鳴き方。感情を抑えつつ「もうっ」と地団駄を踏んでいる感じですね。

Q6 「ウーッ」ってうなるのはどんなとき?

犬ゴコロ

これ以上近づくな!

低い声で「ウーッ」とうなるのは、「これ以上近づいたら、攻撃するぞ!」というのサイン。眉間とマズルにしわを寄せて、目の前の相手を威嚇します。けっこう相手が接近している状態なので、犬も相当怖いはず。だからこそ、ドスの聞いた声で、戦闘態勢に入っていることを猛アピール。実際のところは「穏便にお引きとりください」というのが本音です。

あきらかな不審者だけでなく、男性はNGなんて子もいれば、小さな昆虫に牙をむく怖がりの犬もいます。

犬の格言 顔で怒って、心で怯えて……

COLUMN

犬はポジティブで平和主義者！

犬の鳴き声は、元気で明るく聞こえるときもあれば、なんだか悲しそうに聞こえるときもあります。しかし、じつは犬たちはスーパーポジティブシンキング。ハッピーのかたまりなのです。飼い主さんに要求が通らず「ク〜ン」と哀しげな声を出していても、あまりがっかりしていません。「どうすればご褒美がもらえるかな？」と常に前向き思考。争いごとも嫌いで、「怖い」と感じたら、「戦う」より「逃げる」が先の平和主義者なのです。

こんな犬ゴコロも

しとめてやる！

オモチャをかませて綱引きのように引っ張っていると、低い声で「ウーッ」と、うなることがあります。これは、「獲物をしとめてやる！」と気合いを入れ直したときについ出るもの。怒って攻撃的になっているわけではありません。狩猟本能が刺激され、むしろノリノリでエキサイティングな気分になっているのです。

Q7 「バウッ」って低い声で吠えるのはどんなとき？

犬ゴコロ

動くなっ

犬が低い声で吠えるのは、警戒しているとき。目の前にあやしい人がいなくても、どこかでカサカサ物音がしたときなどに、「バウッ」と低く短く吠えて「動くなっ」とけん制します。怖い人が出てきたらいやなので、出てくる前に、先手必勝で吠えるのです。

たまに、美容室帰りの飼い主さんに対して吠えることがあります。犬は人間ほど視力がよくないので、シルエットが変わると「知らない人？」とかん違いしてしまうのです。不審者と間違われると、ちょっぴりせつないですね。

犬の格言 先手必勝、吠えるが勝ち

Q8

「ガウガウガウ」って低く吠えるのはどんなとき？

低い声で「ガウガウガウ」と吠えていたら、犬が「敵」とみなしたものが近づいてきていて、危険を察知しているサイン。「バウッ」と1回吠えるときより、相手が近くにいる状態です。

そもそも犬が人間と暮らすようになったのは、あやしい人やものに吠える習性があったから。日本でも、以前は「番犬」として犬を飼っていた人が多かったよう。しかし、当のわんこに家を守ろうという意思はなく、「怖いよ～」と吠えています。結果オーライですが、ちょっぴりかわいそうですね。

犬ゴコロ

こっちに来ないで！

犬の格言 犬の心、人知らず……

Q9 「キュンキュン」って鳴くのはどんなとき？

犬ゴコロ

お願い♡

かわいく「キュンキュン」と鳴くのは、甘え系のおねだりテクニック。気持ちは「ワンワン」と変わらないのですが、賢いわんこは甘え方を心得ていて、より飼い主さんが望みを叶えてくれる鳴き方をします。「ねぇ、お願い♡」と甘えた声で鳴かれると、いやとは言えなくなってしまいますね。

また、散歩中に仲良しの犬に会ったときも「キュンキュン」と鳴くことがあります。これは、リードのせいで自由に動けないわんこが、飼い主さんに「遊ばせて！」とうったえているのです。

犬の格言 甘え声、飼い主さんの反応やよし！

不思議な鳴き声

Q10
「フゥ〜」ってため息をつくのは落ちこんでいるの?

犬ゴコロ

ひと息つこう

飼い主さんが出かける用意をしているので、「もしやお散歩?」と大喜びしていたら、じつはお留守番だったなんてとき、犬が「フゥ〜」とため息をつくことがあります。でも、別に落ちこんでいるわけではありません。

　これは、「ちょっと落ちつこう」と気持ちを切り替えるために、ひと息ついているのです。そのあとは、「まあ、いいか」とすぐに立ち直ります。わんこはスーパーポジティブなので、あまり気持ちを引きずりません。この切り替えの早さ、見習いたいですね。

犬の格言　ため息をつくと前向きになる

Q11 なでているときに「ウウ……」とうめくのは苦しいの？

犬ゴコロ

気持ちいい〜

うめいているように聞こえますが、苦しいわけではありません。のどの奥の方から「ウウ……」と声を出すのは、たいてい気持ちよくてうっとりしているとき。猫をなでると「ゴロゴロ」とのどを鳴らしますが、犬も気持ちいいとき、「たまらんなぁ〜」「ごくらく、ごくらく」と、息をもらします。

人間も温泉に入ったときや、マッサージでリラックスしたとき、思わず声が出るときがあります。あれと同じで、犬もリラックスして気持ちがいいときは、つい声が出てしまうんですね。

犬の格言 ごくらく気分はうめき声にのせて

Q12 寝ながら吠えるのは夢を見ているの？

犬ゴコロ

犬も寝言を言うんだワン

寝ていると思っていた愛犬が急に吠えると、びっくりしますよね。これは犬の「寝言」だと考えられています。

犬も、人間と同じようにレム睡眠とノンレム睡眠をくり返しながら眠ります。夢を見るのは、眠りが浅いレム睡眠のとき。夢による行動は寝言だけでなく、走り回るのが好きな子は手足をばたばた動かしたり、ごはんが好きな子は口をもぐもぐしたりと、さまざまな動きを見せてくれます。おもしろくてちょっかいをだしたくなりますが、くれぐれもいたずらはしないように！

犬の格言 夢の中での幸せは、全身で表現

Q13 消防車が来ると吠えるのは犬の声とかん違いしているの？

犬ゴコロ

とりあえず吠えておこう

消防車のサイレンが聞こえると、その音に合わせるように、どこからともなく犬の遠吠えが聞こえてくることがあります。これは、サイレンの音が犬の遠吠えに似ているから。音に反応して、本能的に吠えだす子がいるのです。

遠吠えには「ここにいるよ〜」と、自分の存在を仲間に知らせる意味があります。どこかの犬が遠吠えをはじめると、「あれ？ だれか吠えてる」と気づいたほかの犬も便乗して、「とりあえず、ぼくも吠えておこう」と、遠吠えをはじめることがあります。

犬の格言 仲間の声には便乗すべし

こんな犬ゴコロも

だれかいるの!?

「ピンポ～ン」という玄関チャイムに反応して吠える子もいます。これは「チャイムが鳴ると人が来る」ということを学習したうえでの行動。「だれかいるの？」「来るなよ！」と、ソワソワして吠えています。なかには来客が苦手で、チャイムが鳴る前に足音を聞きつけて、「だれか来る」「怖いよ」と警戒し、吠えだす子もいます。

こんな犬ゴコロも

このやろう！

飼い主さんが掃除機をかけると、大騒ぎする子がいます。「喜んでる？」とかん違いする飼い主さんもいるようですが、じつは、怖がっているケースのほうが多いのです。お化けのように伸び縮みする長い首と、恐ろしい音は、わんこにとって未知との遭遇。「来るな、このやろう！」とおびえて吠えているのです。

Q14 人間の言葉をしゃべるうちの子は天才？

犬ゴコロ

こう鳴くといいことがあるんだ

食事のときに「ゴハン」「チョーダイ」と聞こえるような鳴き声を披露する、芸達者な犬がいます。飼い主さんが話しかけると、絶妙なタイミングでしゃべって見えるので、会話ができるの？と驚いてしまいますね。

　犬は飼い主さんにほめられるのが大好き。たまたま「ゴハ〜ン」と聞こえる鳴き方をしたとき、ほめられてごはんがもらえたのでそう鳴くようになった、というのが真相。むしろ、これはそこまで愛犬の才能を引きだした飼い主さんが天才かも！

犬の格言 犬もおだてりゃ言葉を話す

Q15

電話中に吠えるのは会話に参加しているつもり？

犬ゴコロ

抱っこして〜

飼い主さんが電話で会話していると、なぜか、わんこも一緒になって「ワンワン」とおしゃべりしはじめることがあります。これは「会話に混ぜて〜」と言っているわけではありません。

電話中に吠えられると、静かにさせるためについ抱っこをしたり、おやつをあげたりしてしまうもの。すると犬は、「電話中に吠えるといいことがあるぞ」と覚えてしまいます。「電話＝抱っこ＆おやつタイム」とインプットされるため、電話のたびに吠えだす、困った習慣ができてしまうのです。

犬の格言 ベルの音は抱っこの合図

犬の4コマ劇場 鳴き声編

おしゃべりアトム

おさわり禁止!!

チャートでわかる！

うちの子タイプ診断

犬種や育て方によって、
犬の性格も異なります。我が子は、
客観的に見たらどんなタイプ？
ズバリ、診断しちゃいます。

YES →
NO …>

START

朝は
起こしに来る

目を合わせると
そむける

遊びに誘うと
喜んで
のってくる

帰宅すると
飛びついたり
足にしがみついて
出むかえる

知らない人に
なでられるのが
好きではない

気に入らないことが
あると、
吠える OR かむ

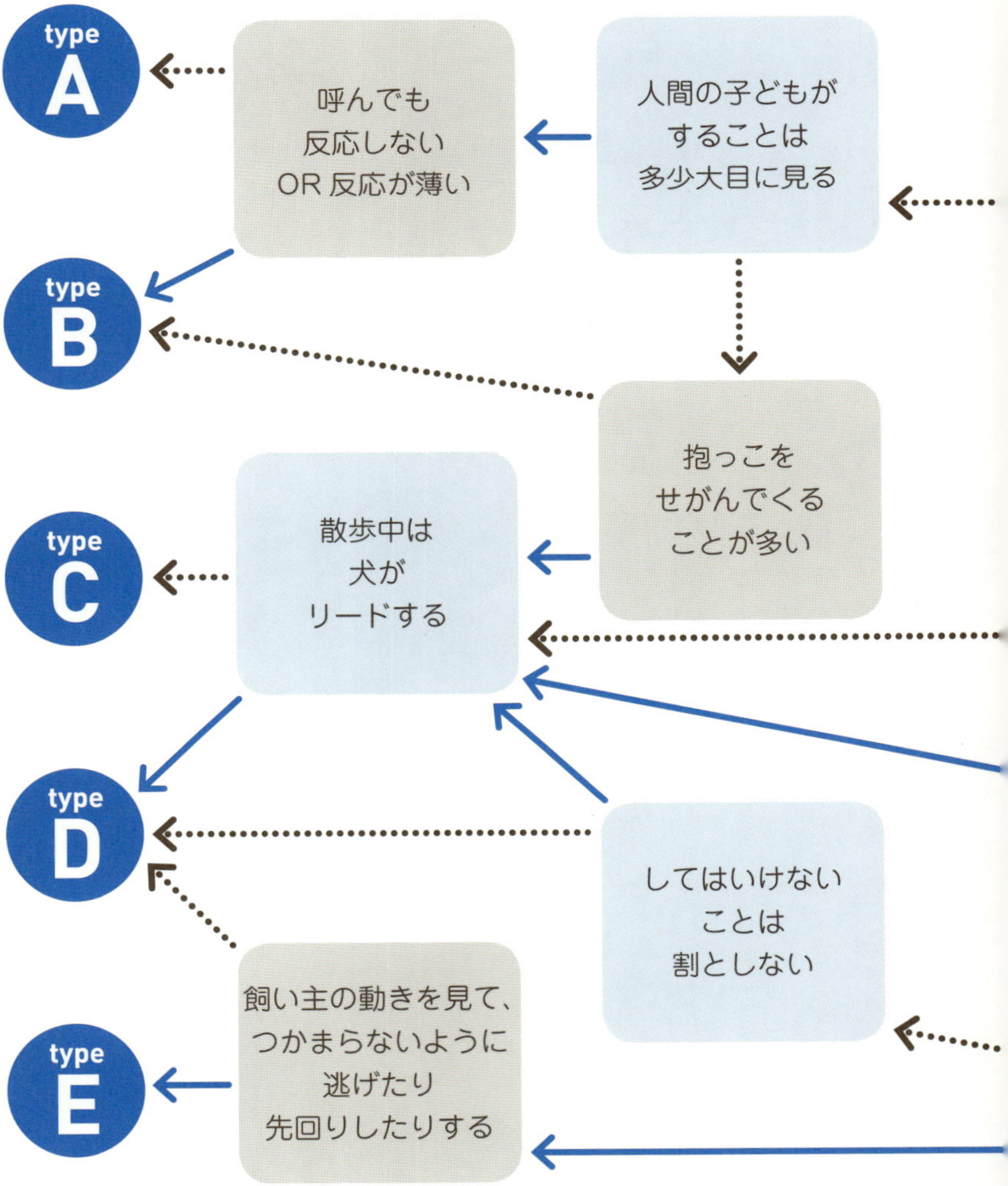
type A
type B
type C
type D
type E
呼んでも
反応しない
OR 反応が薄い
人間の子どもが
することは
多少大目に見る
抱っこを
せがんでくる
ことが多い
散歩中は
犬が
リードする
してはいけない
ことは
割としない
飼い主の動きを見て、
つかまらないように
逃げたり
先回りしたりする

詳しい結果は次のページ

しゃきーん！
の～ん
びり～
スキスキ♥
メシ！フロ！
ネル！
ぷいっ

診断結果をチェック！
うちの子はどんなタイプ？

type A パートナーとして優等生
スーパーエリートタイプ

ズバリ、こんな性格！

しつけを理解する頭のよさと、人なつっこくて温和な性格の持ち主。家庭犬界のエリートといってよいでしょう。今のまま愛情をもって接しつつ、イイ子すぎてストレスを溜めないように気をつけてあげましょう。

【あてはまりやすい犬種】
レトリバー系、トイ・プードル、コーギーなど

type B まったり、ゆったり
のんびりイヤシ系タイプ

ズバリ、こんな性格！

おだやかでマイペース、物事に動じないその姿には、おおいに癒されるでしょう。けれども、ぐうたらすぎて、ときには空気みたいにいるんだか、いないんだか……と、物足りなさを感じてしまうこともありそう。

【あてはまりやすい犬種】
ブルドック、バセット・ハウンドなど

type C
いつもラブラブでいたい♡
甘え上手タイプ

ズバリ、こんな性格！

好奇心旺盛で、いつでも一緒がうれしいかわいいヤツです。ちょっと落ちつきがなかったり、しつけを覚えられなかったりという欠点もまた愛嬌。性格がよくて、家族のアイドルになりやすいでしょう。

【あてはまりやすい犬種】
マルチーズ、シーズー、パピヨンなど

type D
飼い主さん泣かせ!?
ワガママ王子＆姫タイプ

ズバリ、こんな性格！

かわいい顔して、やんちゃで勝気、飼い主のいうことよりも自分のワガママを通そうとする、困ったちゃんタイプです。あまり甘やかしすぎると、ますます困ったことになるかも。

【あてはまりやすい犬種】
チワワ、日本スピッツ、ポメラニアンなど

type E
飼い主はオレが選ぶ
ワイルドタイプ

ズバリ、こんな性格！

自立していて、まるで野生の犬のようなタイプ。頭がよく、運動神経も抜群とすばらしい素質をもちます。そのため、人間の行動を観察して先回りするところがあり、飼う人を犬自身が選びそうです。辛抱強く接して、絆を深めましょう。

【あてはまりやすい犬種】
シェパード、柴犬、秋田犬など

COLUMN 1

犬の優れた能力

犬の「嗅覚」と「聴覚」はこんなにスゴイ！

●嗅覚

においを感受する鼻の奥の鼻腔にある嗅細胞の数を比べると、人間が500万個なのに対し、犬はなんと2億個を超えます。その個々の嗅細胞の感知精度も非常に優れているため、犬の嗅覚は人間の数千倍も敏感だといわれているのです。

生まれて最初にめばえるのが嗅覚であるため、子犬はまず世界をにおいによって認識し、その後成長しても、仲間の識別などは嗅覚を頼りに行います。ついたにおいは時間とともに薄れていきますが、犬はにおいの強さの微妙な強弱を感じとることができ、その強弱の差からにおいの元をたどっていくことまでできるのです。この能力をさらに訓練することによって活かしているのが警察犬です。

●聴覚

犬と人間の可聴範囲を比べると、犬が40～5万ヘルツに対し、人間が16～2万ヘルツ。犬は人間よりもずっと高い周波数まで聞きとれることがわかります。また、小さな音を聞きとる能力も優れ、自在に動く耳によって、音のする場所を特定することもできるのです。しかし、耳が垂れている犬種は耳の穴が覆い隠されているため、耳が立っている犬種に比べて聞きとる能力が劣る可能性があります。

LESSON 2

ボディランゲージを読みとろう

Q16 口を軽く開いて微笑んでいる。どんな気持ち？

犬ゴコロ

楽しいなっ♪

口もとを自然に開き、口角を上げたような表情は、なんだか笑っているように見えますよね。犬も「楽しいなっ♪」と感じると、人間と同じく口もとがゆるみます。こんな表情をしているときのわんこは、気分上々。まわりに怖いものや興奮するものがなく、心穏やかでリラックスした状態です。

また、楽しい気持ちが強いほど、口角がキューッと上がっています。これには、人間の笑顔を真似しているという説も。褒めることで、さらにいい笑顔を見せてくれるかもしれませんよ。

犬の格言　喜びは、人まねをして表現

Q17 口を閉じて一点を見る。どんなとき？

犬ゴコロ

あれ、なんだろう？

犬が急にピタッと動きを止めて、一点をじっと見つめることがあります。これは、何か気になるものを見つけたときの反応。見つけたものや音の正体がまだよくわからないとき、わんこはその方向に目や耳を集中させ、前傾姿勢になって情報収集をはかります。音を拾うために、耳を前に向けることも。

愛犬の写真を撮りたいのになかなかこっちを向いてくれないときは、この習性を利用してみては？ 普段耳にしないような音を鳴らすことで、カメラに注目してくれるかもしれませんよ。

犬の格言　情報は前のめりでつかめ！

Q18 歯をむき出しにする。どんなとき？

犬ゴコロ

かむぞ！

犬が歯をむき出しにするのは、「近づいたらかむぞ！」という最終警告。鼻にしわを寄せて犬歯を見せた表情は、ラブリーな小型犬でもけっこうな迫力です。実際にかむ気満々、というよりは、怖い顔をつくることで、相手がどこかに行ってくれればいいなというのが本音。相手が引けば、追いかけてまでかむことはほとんどありません。

ちなみに、遊んでいるときに歯を見せるのは、「かまないよ」というアピール。じゃれ合って遊んでいる、男の子のプロレスごっこのようなものです。

犬の格言　最後通告は凶悪顔にて

鳴き声
ボディ
行動
暮らし
仲良し

Q19 耳を下げて上目遣いになる。どんなとき？

犬ゴコロ

いやだなぁ

逆らえない相手に対して、しぶしぶ要求を受け入れるときにするポーズ。こんなときのわんこは、上司に残業を命じられたサラリーマンといった感じ。「やらないと怒られるよなぁ」なんて、上司の様子をチラチラ上目遣いでうかがっています。家族のなかでも、お父さんの前でだけこんな低姿勢になっちゃう子もいます。

このしぐさは、なるべく争いを避けようとするためのポーズ。「けんかになっちゃうのはいや」という、絶対平和主義者の犬ならではの対応策ですね。

犬の格言　偉い人には上目遣いでごますり

Q20 じっと目を見てくるのはどんな気持ち？

犬ゴコロ

大好き～♡

犬がキラキラした瞳で飼い主さんの目を見つめていたら、それはラブラブサイン。「大好き～♡」と言っています。ただ仲良しというだけでは、犬は相手の目をじっと見ることはありません。だいたい適度に目をそらします。信頼していて大好きな人だからこそ、じっと目を合わせていられるのです。

人間同士でも、心が通じ合った相手とはアイコンタクトで気持ちが伝わることがあります。犬も、大好きな飼い主さんとアイコンタクトでコミュニケーションしているんですね。

犬の格言　愛情は視線で伝える

こんな犬ゴコロも

見てないと……

犬に見つめられていたら、必ずラブラブというわけではありません。まったく知らない犬がじっとあなたを見ていたら、それは「怖くて目が離せない」という気持ちからかも。見ている相手を警戒しています。愛情表現とかん違いしてそばに寄っていくと、「来るな～っ！」と低い声で吠えられちゃうかもしれませんよ。

こんな犬ゴコロも

何かするつもりなの……？

飼い主さんの次の動きを敏感に察知しようとして、じっと見ているときもあります。これは「何かするでしょ」という警戒の視線。「シャンプーするんでしょ？」「キャリーバッグに入れて、病院に行こうとしているな」など、いや～な予感がするので、目をそらせないのです。こうなると、バレずに行動するのは至難の業!?

Q21 目をそらすのはどうして？

犬ゴコロ
けんかしたくないよ〜

犬は気軽にほかの犬と目を合わせることはありません。なぜなら、知らない犬と目が合うと、「おいお前、ガンつけたな」とすごまれて、けんかになってしまうから。犬が視線をそらすのは、敵意がないことをあらわす、「戦わないよ」というメッセージです。

また、飼い主さんに怒られているときにも目をそらすことがありますが、これは「けんかする気はないんだけどな」というサイン。無視をしているわけではないので、無理やりこちらを向かせようとするのはＮＧ！

犬の格言 怖いものからは目を背けよ

Q22 目じりを下げて困ったような顔をするのはどうして？

犬ゴコロ

どういうこと？

眉間にしわを寄せて目じりを下げながらこっちを見るわんこ。まるで、人間が困っているときの表情にそっくり。こんなときの犬は、「どういうこと？」とピンチにおちいっています。わからないことを理解しようとして、犬なりに必死に考えている表情です。

人が何かを考えるとき、頭の前側の「前頭葉」を使いますが、これは犬も同じ。頭の前側を使って必死に考えているから、困り顔になるのです。打開策が浮かばなかったときは、「勘弁して」とまばたきしだす子もいますよ。

犬の格言 ピンチのときは、まず考える

Q23 しっぽがピンと止まっているのはどんなとき?

犬ゴコロ

なんだろう?

犬の気持ちを知りたいときは、しっぽの動きにも注目! よーく観察すれば、わんこの心の動きがわかります。

しっぽの動きが急に止まるのは、「なんだろう?」と好奇心のアンテナが立ったとき。犬は、気になるものに注視するとき、しっぽを上げたまま止めます。おもしろそうなオモチャを発見し、「いいもの見～つけた♪」と、ターゲットにロックオン! 「とりにいこうかな、どうしようかな～」と狙いを定めてウキウキ妄想するとき、わんこのしっぽはピンと止まるのです。

犬の格言 しっぽは好奇心のアンテナ代わり

しっぽ

Q24 しっぽが低い位置で止まるのはどんなとき？

犬ゴコロ

いやな予感……

しっぽがゆっくり下がってきてピタッと止まったときも、犬は何かに集中しています。でも、あまり楽しいことではなさそう。「いやな予感がする」と様子をうかがっている状態です。

犬は、敵や獲物を見つけたり危険を感じたとき、相手にわからないようにしっぽを下げて、静かに動きを止めます。なぜなら、しっぽが動いていると相手に見つかりやすくなるから。そして、様子を見て「今だ！」と、アクションを起こすのです。相手を追い払ったり、その場から逃げだしたりします。

犬の格言 テンションダウンでしっぽもダウン

Q25 しっぽを振っているのはどんなとき？

犬ゴコロ

楽しいな～ うれしいな～

犬がしっぽを振るのは、おなじみのしぐさですね。ですが、振り方にはいろいろなバリエーションがあります。「喜んでるんでしょ」と思う人が多いですが、必ずしもそうは言いきれません。犬はいろんな感情を、しっぽの振り方や速度で表現しているからです。

犬がご機嫌なときは、しっぽの根元からゆっさゆっさと左右に大きく振ります。こんなときは、表情もおだやかでにっこり笑っているように見えるはず。楽しさが増してくると、しっぽの振り方も激しくなりますよ。

犬の格言 喜びとしっぽの揺れ幅は比例する

こんな犬ゴコロも

とっても楽しいっ♪

楽しくてハイテンションになったわんこは、しっぽをぐるんぐるん回します。こんなときは遊びモード全開。はしゃぎ回って走りながら、ブンブンしっぽを回すことも。

また、曲がるときに反対方向にしっぽを回して、バランスをとることもあります。トラックを走るときに腕を回す小学生みたいですね。

こんな犬ゴコロも

落ちつかないなぁ……

しっぽをブルブル小刻みに振っているときは警戒モード。「知らない人が来た」「落ちつかない」と、ちょっぴり緊張しています。しっぽを振っているからなでてあげよう！と安易に近づくと、吠えられてしまうかも。最悪の場合は、ガブッとかまれてしまうこともあるので要注意。わんこの警戒サインを見逃さないで。

Q26 しっぽのつけ根が逆立っているのはどんなとき？

犬ゴコロ

うわぁっ！

犬は、急激なストレスや恐怖に襲われると毛が逆立ちます。これは、「立毛筋《りつもうきん》」という筋肉の働きによるもの。しっぽのつけ根の毛まで逆立つときは、恐怖モードが全開なのでしょう。

逃げ場がない状況になると、わんこはしっぽのつけ根の毛を逆立てて精一杯怖いことをアピールします。それでも近づいて来る相手には、飛びかかれる姿勢をとり、応戦します。

犬どうしでこの状態になるなら、相手の犬に対し神経質になっています。早々に引き離しましょう。

犬の格言 恐怖心は、毛を立てる

Q27 しっぽを股の間に挟むのはどうして？

犬ゴコロ

怖すぎる!!

人間でも、勝ち目のない相手を前に逃げることを「しっぽを巻いて逃げる」なんていいますが、わんこがしっぽを股の間に挟むポーズがまさにそれ。

犬はおびえたとき、しっぽを股の間に挟んで、お尻の穴と陰部を隠します。お尻には、肛門腺というその犬独自の臭いを発する場所があります。においを嗅がれることは、怖い相手に自身の弱点をさらけだすのと同じ。必死に隠して、自分の情報を渡すまいとしているのです。不安や恐怖でいっぱいのわんこを、すぐに助けてあげて。

犬の格言 お尻隠して頭隠さず

Q28 背中の毛を逆立てて歯をむき出すのはどんな気持ち？

犬ゴコロ

かかってこいや！

犬は本来、けんかが嫌いな動物。それでも、売られたけんかを買わなければならないときがあります。

戦闘モードに入ったわんこは、首の後ろから背中にかけての毛をバッと逆立てます。これは、相手に自分を大きく見せようとする本能といわれています。歯をむき出しにした怖い顔で「かかってこいや！」とやる気満々。こんなとき、けんかをさせないようにと大きな声を出すと、もっと興奮してしまうことがあります。犬を冷静にさせるため、相手との距離をとりましょう。

犬の格言 大きさと強さは比例する……気がする

こんな犬ゴコロも

や、やんのか？

体の重心が前にきているけれど、やや腰が後ろに引き気味のときは、興奮度低め。けんかを仕掛けてきそうな相手に対して、「や、やんのか？」と、様子を探っている状態です。自分から攻撃する気はほとんどないでしょう。

こんな犬ゴコロも

来るなっ！

上半身を低くして、お尻の方を高く上げているときは、警戒心大。知らない犬や、見慣れない生き物に出会って怖がっているのかも。いざとなったらすぐ逃げられるよう、引き気味の体勢になっています。

こんな犬ゴコロも

戦いたくないよ……

しっぽを股の間に隠し、背中を丸めて伏せたポーズは、「もう降参！」という意味。犬どうしがけんかしたとき、一方がこの姿勢になったら、「戦う気はないから、攻撃しないで」と相手にお願いしています。

Q29
伏せた姿勢で寝ているのは、熟睡してないから？

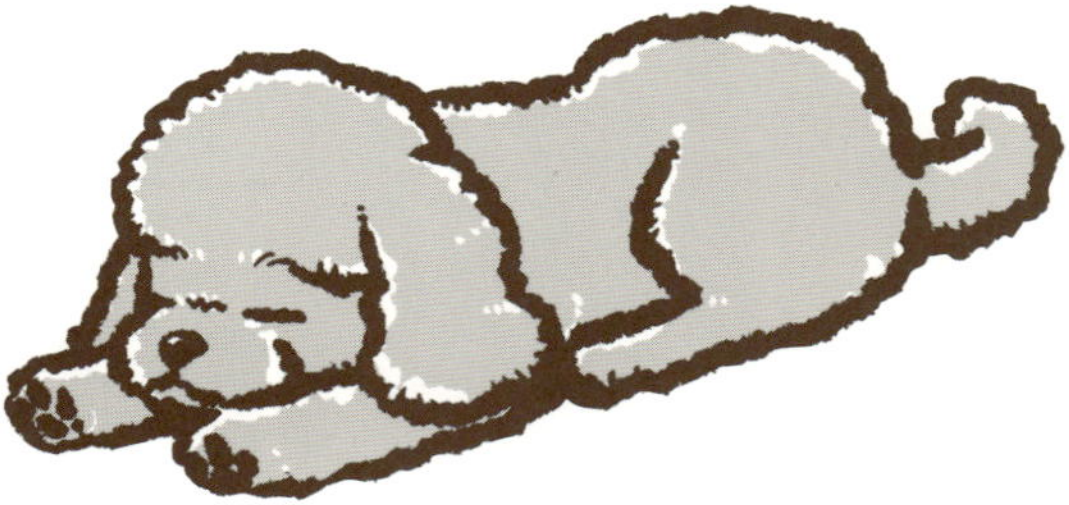

犬ゴコロ
ちょっぴり警戒中

怖がりで心配性なわんこは、寝るときも慎重。「熟睡は危険かも」と思っているときは、体を伏せていても、すぐ起き上がれる体勢をとっています。

立ち姿に近い姿勢で寝ているときほど、警戒心は強め。寝不足が続くと、体調をくずす恐れがあるので、安眠できる環境が必要かもしれませんね。

また、あごを床につけて寝るのも、素早く物音をキャッチするためとされます。小さな振動にも敏感なので、家族のだれよりも早く地震に気づくわんこもいますよ。

犬の格言 睡眠中の危険は、あごで察知

こんな犬ゴコロも

のんびり〜

四肢を投げだして横向きに寝ている犬は、リラックス状態。全身の力が抜けていて、足を投げだしているときは、すぐに立つことはできません。そのため、警戒心はほとんどなし。のんびり気分を満喫しています。

こんな犬ゴコロも

ぐがーっ

飼い主さんに気を許している犬ほど、あられのない姿で寝ます。あお向けでおなかをだして寝ている子は、警戒心も緊張感もゼロ。とても安心して爆睡しています。こんな寝方をするわんこはとっても幸せものです。

こんな犬ゴコロも

警戒心大!!

立ったまま壁に寄りかかって寝ている犬は、警戒心大。危険が迫ってきたときすぐ動ける姿勢をとっており、目を閉じていても本当に眠っているわけではありません。「何かあったらどうしよう」と怖がっています。

犬の4コマ劇場 ボディ編

耳は語る
おーい!! 銀次郎
立ち耳ワンコの耳は…
耳だけ向いている
ハイハイ
めんどくせ
オヤツ!
シャキーン!!
感情表現が豊かでわかりやすい
なんですと!?
うれしー
垂れ耳ワンコの耳は
わかりにくいかと思いきや…
なに?
耳のつけ根が前後にグングン動くので
大きな耳がヒラヒラして意外と饒舌
えー
おやつ〜
ほしー

犯人は誰だ!
誰がこんなことしたの!?
オヤツの袋やぶれて空っぽ
銀次郎目をそらしてごまかす
………
オレ知らない
アトムも目をそらしてごまかす
……
はて、なんのことやら…
グミヘソ天で媚びてごまかす
えー?こんなカワイイボクがそんなこと?
ウフ♡
まさか〜

おでむかえポーズ
銀次郎は散歩中に友だちを見つけると…
!!
道路の真ん中で突然フセ
スチャッ
獲物を狙っているかのように見えますが
じーーー
ひさしぶりー!!
どーもー
本当にただ待ってるだけ
スチャッ

ヘソ天のきせつ
最近、グミのヘソ天を見ていない気がする
ぐー
ぐー
安心できてないのかなー?
ぐー
―秋
今日から羽根布団でーす
フカフカ
こ、これは…!!
安定感の問題でした…
あー
らくちん

チャートでわかる！

飼い主さんタイプ診断

あなたは、犬にとって
どんな飼い主さん？
自分のタイプを知って、
犬との暮らしに活かしましょう。

YES →
NO …>

START

犬の散歩は
よほどのことが
なければ
毎日している

理想のために
日々努力を
している

他人から
頼まれると
いやとは言えない

自分の都合を
通すことが多い

欲しいものは
手に入れないと
気がすまない

もめごとは嫌い

趣味にお金を
かけるほう

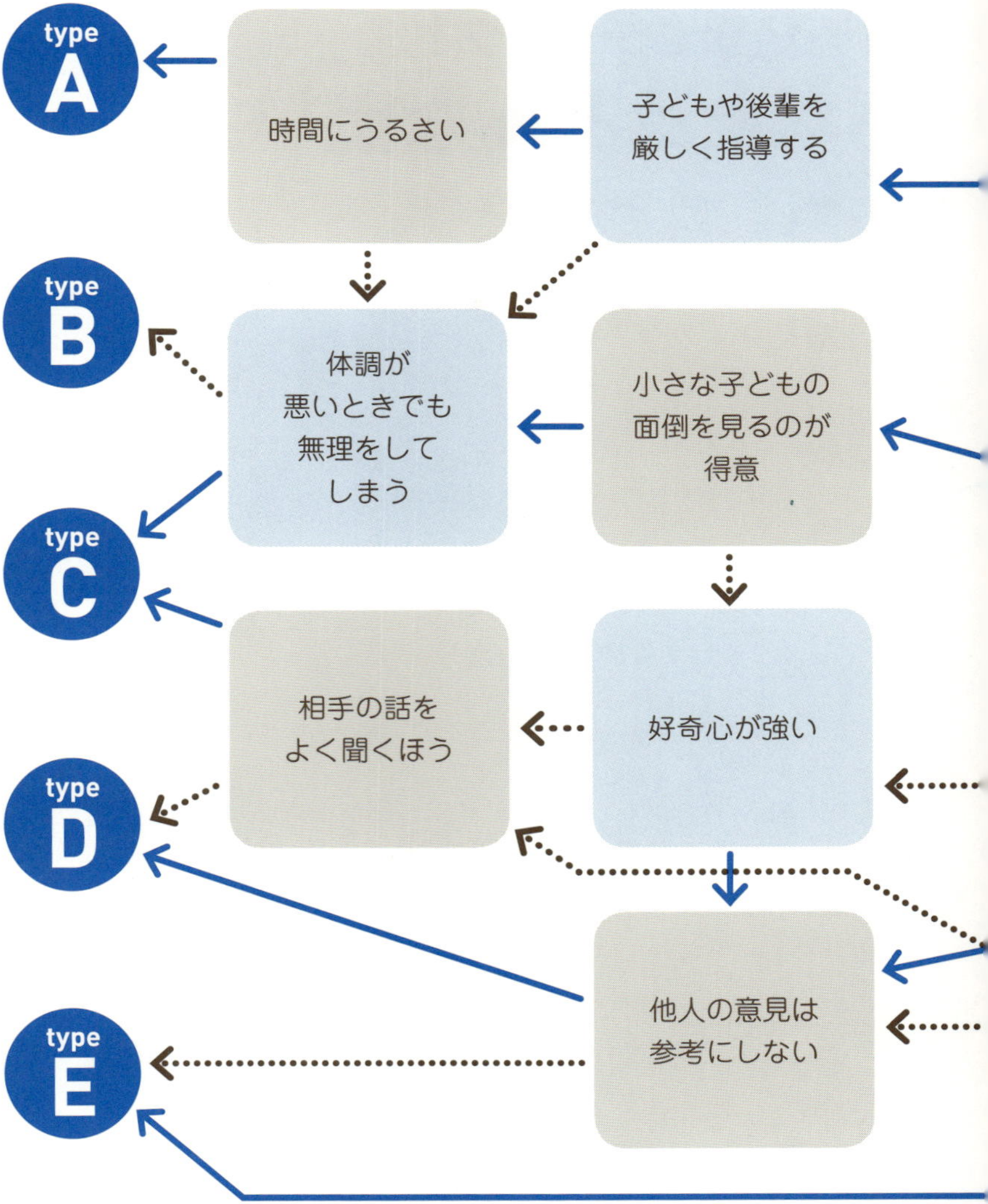
type A
type B
type C
type D
type E
時間にうるさい
子どもや後輩を
厳しく指導する
体調が
悪いときでも
無理をして
しまう
小さな子どもの
面倒を見るのが
得意
相手の話を
よく聞くほう
好奇心が強い
他人の意見は
参考にしない

詳しい結果は次のページ

診断結果をチェック！

あなたはどんな飼い主さん？

type A
理想が高いスーパー飼い主
完璧主義タイプ

ズバリ、こんな性格！

曲がったことが大嫌い、自分にも他人にも犬にも厳しいタイプです。しつけもきっと得意なはず。しかし、あまり完璧を求めすぎると愛犬もストレスを感じるかも。ほめて上手に伸ばしてあげましょう。スパルタ教育はNGですよ。

type B
小さなことにも幸せを感じる
バランスタイプ

ズバリ、こんな性格！

「平凡」「ふつう」を信条とするこのタイプ。仕事もそこそこ、幸せもそこそこを目指すため、あまり不満を抱えることもなく、幸せな生活を送っている人が多いでしょう。こんな家で育つ犬は、きっと幸せなはず。

type C

お犬様のいいなり？
甘やかしタイプ

ズバリ、こんな性格！

自分よりも相手のことを思って行動する優しいあなた。その優しさにつけこまれて、今までの人生で理不尽な目にあったことがあるのでは？飼い犬に優しくするのはいいですが、犬からもいいように利用されないように気をつけて！

type D

ついついがんばりすぎちゃう
からまわりタイプ

ズバリ、こんな性格！

がんばっているのに、うまくいかないことが多いタイプ。熱心に犬の勉強をしても、なぜかしつけがうまくいかないとか……。少しリラックスして、専門家やほかの飼い主さんの意見を聞いて、につまらないことが大切です。

type E

自分の時間が何より大事
自由人タイプ

ズバリ、こんな性格！

ユニークであること、個性を大切にするあなたは、犬に従順さを求めません。しつけができなくても、おもしろければOKと思っているフシがあるかも。自分も大切ですが、飼ったからには犬のお世話もきちんとしましょう。

COLUMN 2

「服従させる」はもう古い
犬にリーダーは不要

かつては、「人間をリーダーとして服従させる」ことが「犬のしつけ」とされてきました。これは、犬には群れの中で明確な序列があり、リーダーによってその群れが統率されているという考えによるものでした。しかし、最近では「犬を支配したり、服従させたりする必要はない」と、その考え方も大きく変わってきています。

最近の研究で、野生のニホンザルには「ボス」がいないことがわかりました。食料が豊富にある環境下では「ボス」は必要ないと解明されたのです。

犬のしつけにおいても、「リーダーの命令だから従う」のではなく、家族のように愛情をもって教えることで、犬は自分がとるべき行動や態度を理解していくことになり、そうして自分で学んでいくことが重要だと、考えられるようになりました。

人間と暮らすうえで必要なしつけやトレーニングは当然あります。人間の子育てと同じように、ただ甘やかすのではなく、ルールを教えることは大切です。ルールを守れたとき、ほめてあげることで、犬は幸福感とともに自らしつけを身につけていくようになるのです。

LESSON 3

行動の意味を探ろう

[観察編]

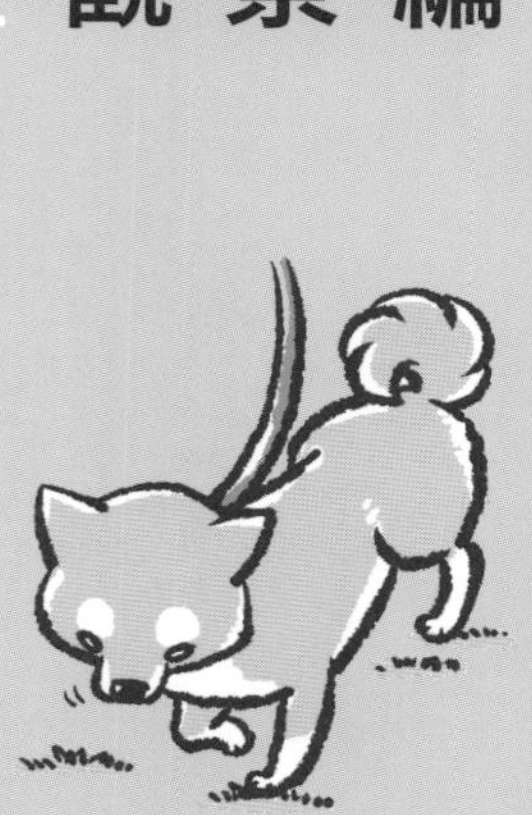

Q30 体をブルブルと振るのはどうして？

犬ゴコロ

濡れちゃったよ〜

犬が体を振るのは、毛が濡れてしまったとき。突然の雨で濡れたときや、シャンプーのあとなどに見られるしぐさです。後ろ足をちょっと上げ、頭からしっぽの先までを一気に振るわせて水滴を払います。犬の皮膚や毛は人間よりも油分が高いので、体を振れば、ある程度乾いてしまうのです。

うっかりそばにいたら、水しぶきが飛んできて、びしょびしょ、なんて被害にあった経験がある飼い主さんも多いのでは？　でも、怒らないであげて。犬にまったく悪気はないのです。

犬の格言 ドライヤー代わりにブルブルッ！

こんな犬ゴコロも

緊張飛んでけ～

濡れてもいないのに、体を振っていたら、それは、緊張をほぐすための動き。ペット用の洋服を着ておめかしして出かけたあと、家で服を脱がせたときに「あ～、窮屈だった」と、体をほぐすために振ることもあります。また、遊びモードから一転「少し落ちつこう」と、気持ちを切り替えるときも体を振ります。

こんな犬ゴコロも

耳がかゆいの……

犬が頭だけを何度も振っていたら、耳がかゆいか、耳に水が入ってしまったか。たいしたことがなければいいですが、頭を激しく振ったり、足でかくようなしぐさをくり返したりするなら要注意。耳に何か異常がある恐れがあります。耳が不潔にならないよう、こまめに耳掃除をしてあげることも大切です。

Q31 体をかいているけど かゆいのかな？

犬ゴコロ

体をほぐさなきゃ……

犬が体をかくのは、かゆいときだけではありません。体がかゆくなくても、首のあたりをぼりぼりとかくことがあります。これは、人間がちょっぴり気まずい状況で「ポリポリ」と頭をかくのと同じで、緊張をほぐす意味があります。緊張によって縮んだ体をかいて、全身をほぐそうとしているわけ。

また、犬どうしが会ったときに、自分の緊張を解くしぐさを相手に見せて争いを避ける方法をとることもあります。このような行動を、「カーミングシグナル」と呼びます。

犬の格言 緊迫感は即吹き飛ばすべし

こんな犬ゴコロも

リラックスしよう

ペロッと鼻をなめるのは「けんかになりそう」「怒られるかも」といったストレスを回避するためのサイン。カーミングシグナルの一種です。「てへぺろ」と、ピンチな状況をおちゃめにのり切ろうとしているイメージに近いかも。

また、緊張すると鼻が乾くので、なめて潤しているという説もあります。

こんな犬ゴコロも

落ちつかないと……

あくびって眠いときにするだけでしょ？と思ったら大間違い。これも、カーミングシグナルのひとつの可能性があります。眠くないときにするあくびは、どちらかというと人間の「深呼吸」に近いもの。ストレスや不安を感じたとき、「ふわぁ〜っ」とあくびをして、緊張や高ぶる気分を落ちつけようとしているのです。

Q32

首をかしげているけど、何か困っているの？

犬ゴコロ

よーく聞いてみよう

犬が小首をかしげるしぐさは、愛らしくてかわいいですよね。不思議そうにしているような、困っているような、なんともいえないしぐさです。

でも、別に困っているわけではありません。くわしく解明されてはいませんが、これは、犬が音に反応しているのではないかといわれています。首をかしげるようなしぐさは、耳の高さを変えることで、気になる音を拾おうとしているというわけ。「何の音だろう？」と、音のする方向や種類を特定しようとしているのですね。

犬の格言 案ずるより探るがやすし

Q33 前足をペロペロなめるのはどうして？

犬ゴコロ

ひまだなぁ～

自分の前足をなめるわんこは、ちょっぴりロンリー犬。何もやることがないから、目の前にあるものをとりあえずなめています。人間の赤ちゃんの指しゃぶりや子どもの爪かみと同じで、何もすることがないと、ついやってしまうクセみたいなもの。わんこも前足をペロペロしていると、寂しい気持ちが落ちつくのかもしれませんね。

このしぐさが見られたら、もっとコミュニケーションをとりたい！のサイン。「ひまだなぁ～」というわんこの気持ちをくみとってあげて。

犬の格言 孤独なときは自分をなめるのさ

Q34 あお向けになっておなかを見せるのはどうして？

犬ゴコロ

おなかさわって♡

おなかは動物にとっていちばん弱いところ。だから、犬は気を許した相手にしかおなかは見せません。ゴロンとあお向けになり、無防備におなかを見せているときは、「さわって♡」と安心して甘えている状態。あなたを本当に信頼して、心を許している証拠です。

また、犬相手におなかを見せるのは、けんかを回避するための行動。弱点を見せることで「戦う気はないよ」という気持ちを全身で表現するのです。こんな捨て身の戦術は、小心者のわんこならではの自己防衛法ですね。

犬の格言 ゴロンからはじまる至福の時間♡

謎のしぐさ

Q35 お尻を上げてしっぽをフリフリ。どんな気持ち？

犬ゴコロ

遊ぼうぜ！

上半身を伏せてお尻を高く上げ、しっぽをフリフリ。これは「プレイングバウ」と呼ばれ、「遊ぼうぜ！」と相手を誘うときに見せるポーズです。

よく遊ぶ知り合いの犬だったら、このポーズですぐに遊びがはじまります。お散歩で初対面の犬に出会い「遊びたいけど、どうしよう……」と、ちょっぴりモジモジ気分のとき、このポーズで遊びたい気持ちを表現することで、相手の気持ちを探ることもあります。

また、飼い主さんを遊びに誘うとき、プレイングバウをする子もいますよ。

犬の格言　遊びの合図は犬ダンスだワン！

Q36

2本足で立つのは、何かを見ようとしているの？

犬ゴコロ

見て見て～

サークルの中に入っているとき、縁のあたりに足をかけて2本足で立つわんこ。つかまり立ちしている赤ちゃんみたいでかわいいですよね。これは、飼い主さんや家族に対し、自分の存在に気づいてもらうためのパフォーマンス。注目度の高い立ち方で、「見て見て～」とアピールしているのです。

また、散歩中に犬が2本足で立つことがあります。これは、「早く行きたい」のサイン。突進したい気持ちをリードで邪魔されるので、2本足で立って、せいいっぱい抵抗しているんですね。

犬の格言 2本足は自己主張のはじまり

謎のしぐさ

Q37

寝転がって背中を地面にこすりつける。何をしているの？

犬ゴコロ

このにおい、つけちゃお♡

犬が地面に背中をこすりつけるときは、そこにお気に入りのにおいがある可能性大。シャンプーのあとに草むらに飛びこむ子は、自然のにおいをとり戻そうとしているのかも。

なかには「臭いもの好き」で、虫やカエルの死骸を見つけると、そのにおいを自分につける困ったわんこも。これには、いいものを見つけたとまわりに知らせたいという説と、においを身にまとって喜んでいるという説があります。とはいえ、こんな不思議な趣味（？）の犬は少数なので、ご安心を！

犬の格言 においすり合うも他生の縁

Q38 口を開いて舌が出しっぱなし。どんな気持ち？

犬ゴコロ
暑いよ〜

これは「暑いよ〜」といううったえ。人は、汗をかいて体温を調節しますが、犬は足の裏にしか汗腺がなく、ほとんど汗をかけません。そのため、口を大きく開けて呼吸し、空気をたくさんとりこむことで体温を下げようとするのです。

ちなみに犬にはもうひとつ体温調整法があります。それは、マズル（鼻）の中で空気を冷却するというもの。パグやブルドックなどのマズルが短い犬種は、熱い空気がそのまま体内に入ってくるため、夏が非常に苦手です。

犬の格言　暑いときは口を開けて耐え忍ぶ

謎のしぐさ

Q39

前足で目を隠すようなしぐさ。まぶしいのかな？

犬ゴコロ

目がかゆいよ〜

前足で目を覆っているのを見ると、まるで「まぶしい〜」と言っているように見えますね。では、本当のところはどうなのでしょうか？

　このしぐさ、じつは「かゆいよ〜」と耳や目をかゆがっている可能性大。犬はまぶしいとき、目をしばしばさせることはあっても、前足で顔を隠すような動きをすることはありません。かわいいしぐさですが、もしかしたら食物アレルギーなどがあるのかも。頻繁にやるようなら、病院で一度調べてもらいましょう。

犬の格言 目隠しは不調のサイン

Q40

ぷるぷると小刻みに震えている。寒いのかな？

犬ゴコロ

寒いよ〜
怖いよ〜

一般的に、犬は寒さに強いといわれています。実際、犬の体温は平熱でも38度を超えるため、寒さに耐性があります。ですが、すべての犬が寒さに強いわけではありません。犬種によっては、寒がりな子もいます。

たとえば、体が小さくて被毛がシングルコートのチワワやマルチーズは、寒さが苦手。ぷるぷる震えていたら、それは「寒い」といううったえです。空調を調節して、過ごしやすい室温にしてあげて。また、恐怖心を抱いているときも、体が震えることがあります。

犬の格言　寒さに強い犬ばかりだと思うな

謎のしぐさ

Q41 クンクンとにおいを嗅ぎ回っている。そんなに臭いの？

犬ゴコロ

情報を集めるぞ！

お散歩中、興味津々にあっちこっちクンクン嗅ぎ回るわんこ。毎日同じ道を通っていても、飽きずにクンクン嗅いでいます。これは、情報収集のための行動。今日はこの道をどんな子が通ったかな？ 変なやつは来ていないかな？ とパトロールしているのです。

情報収集は犬にとって、ストレス解消や趣味みたいなもの。クンクンしながら「新しい犬がやってきたぞ」とか「かわいい子が通ったぞ」なんて、つぶやいているのかも。わんこも意外と最新情報に敏感なのですね。

犬の格言 クンクンが、情報通への第一歩

Q42

よだれがだらだら。おなかが空いているの？

犬ゴコロ

早くちょうだいっ！

おいしいものが目の前にあるとき、人間だってゴクリとつばを飲みこみますよね。犬だって同じ。おいしそうな食べ物が目の前にあったら、よだれが垂れるものなのです。目の前にある食べ物を見て、「早く食べたい」と、食欲が高まっているのでしょう。

これは生理的な反応なので、止めようと思っても止まりません。柴犬のような口もとがキリッとした子はあまり垂れませんが、ブルドックやレトリバーなど、口もとがゆるめの犬種は、よだれが出やすい傾向があります。

犬の格言 これぞ「垂涎《すいぜん》の的《まと》」だワン！

Q43 特定の人の靴のにおいばかり嗅ぐのはどうして？

犬ゴコロ

においフェチなの♪

なぜか、特定の人の靴や靴下、下着などのにおいを熱心に嗅ぐことがあります。Q37で紹介したように、わんこにはその子なりの好みのにおいがあるよう。強烈なにおいがするお父さんの靴ばかり嗅いでいるなら、「この靴、くさっ！」と楽しんでいるのかも。

なかには、「女の子のにおいが好き」という子もいて、家族の洗濯物の中で、お姉さんのばかりクンクンするというおませさんもいるとか。ちょっと不思議な趣味ですが、そんな妙なところもわんこの魅力ですよね。

犬の格言 強烈なにおいが、平和な日常のスパイス

Q44

しっぽを追いかけてくるくる回る。オモチャだと思ってる？

犬ゴコロ

ストレス解消！

追いかけると必ず逃げる自分のしっぽは、とっても手頃なオモチャ。何もすることがなく退屈なとき、ふにゃふにゃ動く自分のしっぽを追いかけてストレス解消！これは、子犬にもよく見られる行動です。

あんまりにも回るので、目が回らないの？と心配になって止めたことがある人も多いのでは？すると、「これをやると注目してもらえる」とかん違いして、かえってたくさん回るようになることも。疲れたら勝手にやめるので放っておいてOK。

犬の格言 しっぽは際限なく遊べるオモチャ

Q45 靴やスリッパをかむのはおいしいの？

犬ゴコロ
楽しいオモチャだ！

犬は、いつも同じ場所にある家具は、すぐに飽きてしまいます。ところが、靴やスリッパは、その場所にあるときとないときがありますよね。おまけに紐がついていたり、硬い部分と柔らかい部分があったり、においがしたりと、わんこにとって楽しいことだらけ！

しかも、靴やスリッパをかむと必ず飼い主さんが追いかけてきます。もちろん、こちらは真剣に怒っているのですが、ポジティブなわんこはかん違い。「追いかけっこだ〜」と、靴をくわえたまま走り回る、というわけ。

犬の格言 靴は好奇心を刺激する至高のオモチャ

Q46

雪の日に外に出たがる。犬は雪が好きなの？

大雪の日、「お散歩は勘弁して！」という飼い主さんの願いもむなしく、がぜん張り切りだすのがわんこ。童謡『雪やこんこん』の歌詞にもあるように、真っ白な雪の中を大喜びでかけ回る子もいますよね。

もともと犬は、平坦で広々した場所が大好き。雪が降った公園は、まさに理想の世界なのかも。あたり一面真っ白だし、踏んだ感触もいつもと違う！　歩くと埋まるし、食べられる⁉　好奇心が強い子には、非日常的なシチュエーションがたまらないのでしょう。

犬ゴコロ

いつもと違うぞ！

犬の格言　雪やこんこん、犬は喜び庭かけ回る

Q47 壁やドアに体をこすりつける。何がしたいの？

犬ゴコロ

毛を落としたい！

日本犬など、四季がある地域出身の犬は、春と秋に換毛します。毛が抜け替わるタイプの犬の毛は、トップコート（上毛）とアンダーコート（下毛）の2層式。このうち、アンダーコートが四季に合わせて抜け替わる毛です。

換毛期になると、家の壁や柱に体をこすりつけるわんこの姿が見られます。すっきり抜けきらないところがあってかゆいので、「ちゃんと抜けて〜」と壁にこすりつけて毛を落とすのです。お家の中を汚さないためにも、きちんとブラッシングしてあげて。

犬の格言　ブラッシングより、壁すりすり

Q48 地面に穴を掘る。何かを埋めるつもりなの？

犬ゴコロ
つめたい土を探してるの

犬は穴を掘るのが大好き。ですが、何かを埋めるために掘っているわけではありません。そもそも犬には、穴にものを「埋める」習性はないのです。

わんこが穴を掘るのは、「ひんやりした土の上で寝たい！」という理由から。夏の暑い日は、土の表面が熱くなりますよね？　だから、表面を掘ってつめたい土が出たところで寝れば、わんこも「気持ちい〜」ってわけ。しばらくして、自分の下が温かくなったら、別のところを掘ってそこに移動します。人の寝返りみたいなものですね。

犬の格言　ひんやり土で涼をとる

Q49 近くにあるものをかじってばかり。どうして？

犬ゴコロ

そこにものがあるからさっ！

犬に「なぜものをかじるの？」と質問したらきっと「そこにものがあるからさっ！」と答えるでしょう。それくらい、犬の本能といえる行動です。

とはいえ、目につくものを手当たり次第かじるクセは困りもの。とくに、親犬から早く引き離された子は、かみグセがつきやすいとされます。きょうだい犬とかみ合う経験が少ないまま引き離されると、どのくらいかんだらけがをするか、加減がわからないのです。そのため、生後50～60日は親もとにいることが望ましいとされています。

犬の格言 犬学ばざれば、道知らず

Q50 壁をじーっと見つめて動かない。な、何かいるの？

犬ゴコロ
何か聞こえるぞ

犬が、何もないところをじーっと見つめている姿はとても不思議。まさか、幽霊？と疑いたくなりますよね。

これは、何かの音を聞いているというのが真相。犬は動くものを見る力は鋭いですが、静物を見る能力は人間より低いです。しかし、聴力は人間の4〜10倍。上階で携帯電話が鳴った、隣の家のエアコンがついた、というような細かい音に気づくことができます。

とはいえ、科学的には解明されていないので、犬にしか見えないものがある、と考えるのも楽しいですよね。

犬の格言 （犬に限っては）耳聞は目見に如かず

Q51 テレビにくぎづけ。内容がわかるのかな？

犬ゴコロ
不思議だなぁ……

最近のテレビは地デジ化されて、映像もよりリアル。まるでそこにいるように人間や犬やいろいろなものが映るけど、自分には一切関わってきません。だから、犬も「不思議だなぁ」と思って見ているのでしょう。毎朝、わんこを紹介する番組を見て大興奮したり、映っているものを探しにテレビの後ろに回りこむ子もいます。

毎日同じ時間にテレビをじっと見る場合は、毎日お散歩に行くように、「この時間はテレビが映る！」と習慣になっているのかもしれませんね。

犬の格言 テレビは異なもの味なもの

Q52 首の後ろをつかむとおとなしくなるのはどうして？

犬ゴコロ
安心できるなぁ

母犬が子犬を外敵から守ろうとするとき、首の後ろをくわえて子犬を安全なところに運びます。つまり、子犬がお母さんに守られている状態。自分で自分のことを守る必要がない、とっても安心した気分を思い出すので、おとなしくなるのです。

昔はこの習性が誤解され、「しつけのときは、首根っこをつかんで叱りなさい！」と指導する人もいました。本来は安心するはずの部分をつかんで厳しく叱られた経験は、わんこにとってトラウマになるので絶対にＮＧ！

犬の格言 睡眠薬より効く、首筋ぎゅっ

COLUMN

間違った叱り方に注意！

犬を叱るときは①首根っこをつかんでおさえつける②犬をあお向けにする③マズルをつかむというのが、古いしつけの本では定番でした。しかしこれは、今では大きな間違いであったことがわかっています。

３つとも、オオカミや犬が子育てをするときに行うもので、母犬が子犬を服従させたり叱ったりするための行動ではありません。③も、母犬の口に子犬が自らマズルを突っ込んで「離乳食ちょうだい」というサイン。本来は、愛情あふれる行動なので、しつけのためにやるのはＮＧ！わんこは衝撃を受け、傷ついてしまいます。

こんな犬ゴコロも

力が抜けるなぁ

マズルをつかまれると、犬はお母さんに離乳食をもらっていたときの気持ちを思い出し、甘えんぼスイッチが入ります。安心しきってふにゃふにゃになり、そのまま眠くなってしまう子もいるくらい。なので、マズルをつかんで叱りつけるなど、恐怖を与える行動はＮＧ。安心しているわんこを傷つけないようにして。

Q53

鏡に向かって威嚇！
敵がいると思っているの？

犬ゴコロ

だ、だれだ!?

鏡に映る自分の姿を「自分だ」とわかっている犬は、ほとんどいないかも。自分が吠えれば、相手も吠えるし、遊びに誘うと、向こうも同じポーズをとる。不思議な現象に「キミはだれ？」と、戸惑っているかもしれません。

鏡に向かって吠え続ける子もいれば、すぐに目をそらす子もいます。これは興味がないわけではなく、「目を合わせると、けんかになっちゃう！」と、争いを回避しようとしているのです。自分自身とのけんかを避けようとするなんて、不思議ですね。

犬の格言　けんかは避ける。たとえそれが自分でも

Q54

お尻を床にこすりつけている。

新たな歩き方発見!?

犬ゴコロ

むずむずする〜

単純にかゆいのです。お尻が赤くなっていないか、うんちがついていないか、よーくチェックしてみましょう。また、肛門腺がたまっているのかも。肛門腺とは、肛門の左右にある袋で、においの元となる分泌物がたまる場所です。頻繁に床にお尻をすりすりするようなら、肛門腺を絞ってあげて。

ほかにも、お尻がかゆくなる原因はいろいろ。なかでも怖いのは犬のおなかに条虫《じょうちゅう》という寄生虫がいるケース。条虫は放置するとどんどん増えてしまうので、気づいたらすぐに病院へ！

犬の格言 床はトイレットペーパーだワン

犬の4コマ劇場 観察編

げんかいです
グミー
ラップスチールギター買っちゃったー
わからない言葉に首をかしげる
？
みんなはまだ知らないんだ
かわいいのでついわからない言葉で話しかけたり
んー？
オフレコってことで〜
しかし、あまりやりすぎると
ボヤー
ほとぼりがさめるまで…
って聞いてる？
脳の容量オーバー
ファー

大げんか？
たまに急に、吠える銀次郎
ヴ!!
何に、吠えているのかわからないことも…
ワン!!
ワン!!
何だ？
何、何？
ワケもわからずつられて大合唱
ヴヴ〜
ワォン!!
キャン
キャン
こらー
からの、なぜか大げんか…
ワォン
ガウ
ガウ
キャウン

それでいいのか

パラソル下が定位置のアトム
今日は蒸すのう…
夏の暑い日は
え、あの…
ドドドドッ
土でおなかひやして、
頭は直射日光当たりまくり
ハーひと仕事したあとのおなかひんやり〜
いいのかそれで?

遊んでアピール

……
ウフウフしながらアピール
チラ
チラ
うふ
うふ
ハイハイ遊びますよ
待ちきれずお尻をプリプリ
来い!! さあ投げろ
オモチャを投げるとすごい勢いで取りにいくが
ビューン!!
オモチャは返さず、ひたすら猛ダッシュ
だったらひとりで遊べばいいじゃん…
イヤッホーッ

COLUMN 3

古代から身近な存在
犬と人間の歴史

人間と犬の歴史は、少なくとも1万年前にさかのぼると考えられます。このころの地層から、人の骨と一緒に、犬の祖先とされるオオカミの骨が見つかっているからです。ではなぜ、人間とオオカミは共生をはじめたのでしょうか。

諸説ありますが、オオカミが食事を求め、人間の居住区にある残飯に目をつけたことがはじまりとされます。オオカミの残飯処理能力と危険察知能力をかった人間は、とくに人慣れしている個体を家畜化し、犬として育てはじめました。

こうして人間との距離を縮めた犬は、今度はその能力の高さがかわれ、狩りのパートナーや牧羊・牧畜のサポートを担うようになります。人間は、仕事をより高度にこなしてもらうために、交配を行って犬の進化に手を加えます。そうして、運動能力に秀でたもの、知能が高いもの、従順なものなど、さまざまな犬種が生まれることになったのです。

17世紀に入ると、愛玩用の「ペット」として犬を飼うことが貴族の間でブームになり、美しさやかわいらしさを重視した犬種が生み出されます。1874年になると、イギリスで犬種の管理を目的とした世界最古の愛犬家団体、「ケネル・クラブ」が設立されました。

LESSON 4

行動の意味を探ろう
［暮らし編］

Q55

フード皿をひっくり返して食べる。床で食べたいの？

犬ゴコロ

食べにくいんだもん

犬には本来、食器でごはんを食べる習慣がありません。そのため、本能的にフード皿自体が苦手、という子もいます。とくに素材がステンレスの場合、反射でキラキラ光ったり、ぶつかると音がしたりするので、いやがる子多し。陶器やプラスチックのフード皿に変えるとよいでしょう。

　また、上が広く底が狭い谷型のフード皿は避けたほうが◎。底が不安定なフード皿だと、足をかけただけでひっくり返ってしまいます。富士山のような、末広がりのフード皿がおすすめ。

犬の格言　食事は落ちついてゆったりと

Q56

水を飲んだあと、あたりが水びたし。飲むのがへたなの？

犬ゴコロ

器用に飲めないんだ

もともと、犬は猫のように器用に水を舌で口に運ぶことができません。犬は、舌を後ろ向きに折り曲げて水をすくい上げ、そのときにできる水面の水柱をがぶっと口にふくむようにして水を飲みます。なかには、口にふくむプロセスが苦手で、すくい上げた水を飛び散らかしてしまう子もいるのです。

また、子犬のころペットショップで給水器を使っていたため、お皿で水を飲む方法がわからない、という子も。「自分、不器用ですから」というわんこを、あたたかく見守ってあげて。

犬の格言 不器用さもアイデンティティー

Q57 ごはんをだらだら食べている。おなかが空いてないの？

犬ゴコロ
もっといいものあるんでしょ？

食器をすぐに片さず、出しっぱなしにしていると、「いつでも食べられる」と思ってだらだら食べるようになるケースがあります。野生の犬は、目の前にあるものをすぐに食べないと生きていけませんが、人間と一緒に暮らしている犬に、そういった危機感はありません。「食事は30分経ったら片す」など、ルールを決めるとよいでしょう。
また、ごはんを残したときに缶詰などの食いつきがいいものを与えると、学習してわざと残すようになることもあるので注意して。

犬の格言　待てばおいしいもののチャンスあり

Q58

人間の食事中に吠える。欲しいの？

犬ゴコロ

前もくれたでしょ！

飼い主さんの食べ物を分けてもらえた経験がない子は、吠えたり欲しがったりすることはありません。食べている人のそばに来て、ワンワン吠えるのは、過去にもらった経験があるから。「前はくれたよ～。ちょうだい～」とおねだりしているのです。

　ドッグフードは、人間の料理にくらべると薄味にできています。人間が食べているものは、味が濃くていいにおいがするものが多いですよね。一度グルメな料理をあげると、やみつきになってしまうので注意しましょう。

犬の格言　おいしい思い出は忘れない

Q59 おやつをほとんどかまずに飲む。とられると思ってる？

犬ゴコロ

かまなくても大丈夫なのだ！

食べ物をほとんどかまずに飲むのを見ると、「のどに詰まらない？」と心配になりますね。でも、ご安心を。犬は人間のように、食べ物を臼歯ですりつぶしません。数回かんだら、すぐに飲みこむのが普通なのです。

また、人間はかむほど満腹感が出ますが、犬はそうではありません。かむ回数より、食べた回数に満足感が比例します。ですから、同じ大きさのものでも、10回に分けたほうが、10倍の満足感を得られます。犬は食べ物に関して、かなり単純なのです。

犬の格言 質より、量。量より回数

Q60 草を食べているけど野菜不足なの？

犬ゴコロ

おなかを整えたいの

犬が食べるのは、エンバクという麦科の植物。猫がよく食べることから「猫草」とも呼ばれます。この草を食べることで、胃の中が刺激され、うまく消化しきれない食べ物を吐き出すことができます。つまり、草を食べるのはおなかの調子を整えるため。

たまに食べるくらいなら問題ありませんが、散歩中にしょっちゅう食べるという子は、ストレスで草を食べるのがクセになっている可能性があります。また、興奮を抑えようとして食べるケースもあります。

犬の格言 犬も食べる「猫草」

Q61 ごはんをあげても 食べ続ける。あげても そんなに大食いなの？

犬ゴコロ
出されたものは全部食べる！

わんこは「出されたものは全部食べる！」という、育ち盛りの男子のような食欲の持ち主。猫の場合、食事をたくさん出しても、朝、昼、晩と自分で調整し、少しずつ食べることができます。だから、お留守番も上手にできますね。でも犬は、あるものは全部一気食い。吐いてでも食べ続けるという、ちょっと困った一面があります。

「よく食べる子ね」なんてバンバンごはんをあげていたら、メタボ犬一直線。わんこ本人は食事量を調整できないので、飼い主さんが注意してあげて。

犬の格言 残さず食べる。吐いてでも

トイレ

Q62
トイレのあとに砂をかけるのはマナーなの？

犬ゴコロ

においをつけなきゃっ

犬は、おしっこのあと後ろ足で地面を蹴るようなしぐさをしますね。これは砂をかけているわけではなく、足の裏の汗腺を地面にこすりつけて、自分のにおいをつけているのです。つまり、マーキングですね。よく観察すると、アスファルトなどの砂がないところでも、このしぐさが見られるはず。

マーキングは、「ここにいるぞ」と自分の存在を周囲にしめすための手段です。わんことしては、「名刺交換」のように、礼儀正しく挨拶して回っているつもりなのですね。

犬の格言　情報はにおいに詰まっている

Q63 おしっこをするとき片足を上げるのはどうして？

犬ゴコロ

汚れたくないの

犬は、基本的に自分のおしっこがかかるのをとてもいやがります。なぜなら、ばい菌がついて病気になることがあるから。そのため、オスは片足を上げて、メスは逆立ちをしたり、歩きながらしたりして、自分の毛を汚さないようにします。とくに、毛が長い犬種は、その傾向が強いようです。

また、オスの場合、高い位置にマーキングするために足を上げる、という説があります。においがよく飛ぶというのが根拠になっていますが、実際のところは解明されていません。

犬の格言 清潔は健康への第一歩

Q64 トイレの前にぐるぐる回る。何かの儀式？

犬ゴコロ

準備中……

トイレの前に、その場でぐるぐる回るわんこは多いもの。これは、トイレの前は体を動かしたほうが、内臓が活発になってうんちが出やすいことから、「さあ、出すぞ！」という準備のために回っているといわれています。

また、お散歩中の排泄の際にぐるぐる回る子は、足元の草を踏み固めているのかも。うんちをするとき草がお尻にあたらないように平らにしているというわけ。これも、おしっこのとき足を上げるのと同じく、体を汚さないためのわんこなりの知恵なのです。

犬の格言 排泄は準備運動からはじまる

Q65 トイレ掃除の直後におしっこ。いやがらせなの？

犬ゴコロ

きれいなトイレだ～♪

犬は基本的にとってもきれい好き。汚いトイレに入っておしっこを踏んだり、体が汚れたりするのをいやがります。散歩中に用を足すときも、できるだけ汚れた場所を避けようとします。

人間も、お掃除したてのトイレに入ると気持ちがいいですよね。わんこも、飼い主さんが掃除をしてくれたトイレを前にするとルンルン気分に。新しいペットシーツは吸収もいいし、清潔で最高！と、心おきなく用が足せるというわけ。決していやがらせではなく、快適なトイレに喜んでいるのです。

犬の格言 おしっこは清潔なトイレに限る！

Q66 ソファの上にのぼりたがるのはどうして？

犬ゴコロ

ふかふかで気持ちいい〜

人間と同じように、犬だってふかふかなソファの感触が大好き。のぼりやすい高さだし、柔らかくて気持ちいいため、リラックスできる場所なのです。

　高いところにのぼるとリーダー気分になるのでは？と心配する人もいますが、ご安心を。飼い主さんと犬に上下関係はないと考えられていますし、そもそも群れの中で高いところにのぼるのは見張りの役目で、リーダーは安全な場所にいるもの。単純にふかふかな感触と、家族の様子を見ていられるのがお気に入りなのでしょう。

犬の格言 ソファは犬の指定席

Q67 クレートの中に入りたがらないのはどうして？

犬ゴコロ

この中は怖い場所……

本来、クレートは犬にとって安全地帯。自分を守れる場所なので、入ることを拒絶する子はほとんどいません。

クレートに入るのをいやがるとしたら、何かクレートにまつわるネガティブな体験があるのかも。たとえば、ペットショップにいたころ、クレートの中に無理やり戻されたとか、お家でクレートをお仕置き部屋のように使っているとか……。こういった悪いイメージをつけないために、クレートに入ったときにおやつをあげるなど、よい体験をさせてあげることが大切です。

犬の格言 覚えています、恐怖体験

居場所

Q68 寝るときにふとんの中に入ってくる。一緒にいたいのかな？

犬ゴコロ

寒い〜!!

犬がふとんにもぐりこんでくる心のうちは、単に「寒い〜!!」というもの。飼い主さん、「な〜んだ」なんて嘆かないで。もともと犬には寄りそって暖をとる習性があるため、寒い日にくっついて寝るのは健全な証拠です。寒い日は一緒にぬくぬくして、楽しい夢を見てください。

ところが、夏でも離れないなら要注意！　飼い主さんへの依存度が高くなっている可能性があります。四六時中飼い主さんと一緒にいたがり、お留守番が苦手になってしまいますよ。

犬の格言　冬は人間ヒーターに限る

Q69 散歩中に立ち止まる。疲れたのかな？

犬ゴコロ
抱っこして～

お散歩中、急に立ち止まってしまうわんこ。考えられる理由は「怖いよ」「抱っこして」「疲れちゃった～」のどれか。今まで、立ち止まったときにおやつで誘っていたなら、「止まる＝おやつタイム」なんて、調子のいいことを考えているのかもしれません。

また、止まったとき強引にリードを引っぱるのも逆効果です。引っぱれば引っぱるほどブレーキがかかり、犬と綱引き状態になってしまいます。年をとった犬だと、首の骨を傷めてしまうこともあるので、気をつけましょう。

犬の格言 おやつ＆楽したいとき発揮する記憶力

Q70 落ちているごみを食べようとする。食いしんぼうなの？

犬ゴコロ

早く隠さないと！

犬は、とにかく好奇心旺盛。興味があるものは、「なんだろう？」とにおいを嗅ぎます。それを見た飼い主さんは、愛犬がごみを食べようとしているのかと思って、「ダメッ」ととり上げようとしますよね。するとわんこは、「今調査中だから！」とごみを口の中に隠します。つまり、興味があるものをとられたくないというのが真相。

　なかには、「ごみをくわえると、飼い主さんが大騒ぎするぞ」と楽しんじゃう犬も。ごみのとり合いが散歩中の遊びになってしまうのですね。

犬の格言 何人たりとも調査の邪魔はさせん！

Q71

足を上げておしっこをするフリ。出ていないのに、どうして？

犬ゴコロ

一応やっとくか〜

犬があっちこっちにおしっこをかけるのはマーキングの習性から。マーキングは、犬にとって「よろしくね！」と自分の名刺を置いていくような感覚です。

マーキングの頻度は犬によって異なります。なかにはいっぺんにおしっこを出してしまって、もう出すものがないのに、マーキングの本能から足だけ上げていく子もいます。避妊・去勢手術をした子に、とくにその傾向が見られます。フリだけでも満足するなんてかわいいヤツですね。

犬の格言 名刺は数をまいてなんぼ

Q72 ほかの犬のおしっこのにおいを嗅ぐのはどうして？

犬ゴコロ

情報収集中……

散歩中に、愛犬がほかのわんこのおしっこをクンクン。「うちの子、ヘンタイ？」と心配する飼い主さんもいるかもしれませんが、心配ご無用。わんこがほかの犬のおしっこのにおいを嗅ぐのは、「こんなヤツが通ったんだな～」という情報収集作業です。

これは、どんな犬なのかを確認するための行為。なかには、念入りににおいをかいだり、なめようとしたりする子もいます。飼い主さんはショックかもしれませんが、わんこの本能なので大目に見てあげて。

犬の格言 名刺チェック＝おしっこのにおい嗅ぎ

Q73 散歩の途中で進むのをいやがる。帰りたいのかな？

犬ゴコロ
そっちには行かないっ

楽しいはずの散歩中、犬が進みたがらないのは、その先に怖いものがあるから。「角を曲がったところでほかの犬に吠えられた」などのいやな経験があると、その道は通りたがりません。

また、「そんなものが？」という、意外なものにビビる子も。たとえば、バイクのカバーやお店の前に立っているのぼり旗。風が吹くとふくらんだり、バタバタと音を立てるため、怖がるわんこ多し！　そのほか、小さな子どもなど、次にどんな動きをするかわからないものを怖がる傾向があります。

犬の格言　「そっちに行くな」と犬の知らせ

散歩

Q74 リードをぐいぐい引っぱる。走りたいの？

犬ゴコロ

ついてきてっ

お散歩でテンションが上がったわんこは、どんどん先に行きたがりますね。引っぱれば飼い主さんがその方向に動くので、「ついてきてくれるんでしょっ」と、遠慮せずにぐいぐい引っぱります。これが、スーパーなどの店先につながれている状態だったら、リードを引っぱることはありません。動かないものにつながれていることを、わんこはわかっているからです。

わんこの趣くままについて行ってしまうと、わがまま犬になってしまうので、トレーニングで軌道修正を！

犬の格言　気の向くまま、思うがまま

Q75 雨の日も散歩に行きたがる。濡れてもいいの？

犬ゴコロ
トイレだからしかたない……

雨の日でもお散歩に行きたい、というわんこは少数派。犬は、基本的に体が濡れるのは嫌いなので、本当は雨の日は散歩に行きたくないはず。それでも、外に行きたがるのは、「トイレに行きたい！」という思いがあるから。お散歩途中に外でおしっこやうんちをする習慣のある子は、悪天候のいやさよりトイレが勝るのです。
台風や大きな災害など、外に出られない日があることを想定すると、わんこがどこでもトイレができるよう練習しておきたいですね。

犬の格言 雨の日の外出、排泄のためにやむなし

Q76 自転車が通ると追いかけようとする。どうして?

犬ゴコロ
あっちに追いこむぜ!

牧羊犬の血が入っているボーダーコリーやシェルティは、羊を追いこむ本能をもち、動いているものに反応する習性があります。自転車を見つけると、牧羊犬魂がうずうず。吠えながら追いかけると姿が見えなくなるので、牧場で羊を追いこんだような達成感を感じるのかもしれません。自転車を追いかけて牧場を走る気分になるなんて、なんだかかわいいですね。

一方、動いているものが怖くて反射的に吠える子もいます。これは、小型犬など怖がりの犬種に多い反応です。

犬の格言 ふとしたきっかけでうずく本能

犬の4コマ劇場 暮らし編

セットポジション
鳴かないのでたまに報告に気づかないことも…
ワハハハ
ねー
したよー
むーー
ごほうび…
ーそれから
←トイレ
?
ちら
ちら
なにアレ…?
←トイレ
ちらっ
ちらっ
ちらっ
トイレ行きますよアピールするようになりました
ピッチャーのセットポジションみたいだな

もっと欲しい〜
回数が多いのでトイレのごほうびはほんの少しずつ
したの、
ちまっ
ハイ、えらいね〜
もっとほしい…けどもう出ない…
キュピーン!!
ピチャ
ピチャ
!?
小さな頭で色々考えてます
すぐには出ないぞー
水→おしっこはわかるんだね
……
アレ?

COLUMN 4

性格にも差が！
犬種による特性の違い

古来より、犬はさまざまな働きで人を助けたり、癒したりしてきました。その仕事は、大きく「狩猟」「守る・助ける」「かわいがられる」の３つに分けられます。それぞれの働きぶりをみると、犬種の特徴や性格を知ることができます。

狩猟犬は、さらにハウンド（獣猟）、スポーティング・ドッグ（鳥猟）、テリア（穴居《けっきょ》害獣猟《がいじゅうりょう》）の３グループに分かれます。ダックスフンドやビーグルが属するハウンドは、五感に優れ、運動量が多いのが特徴。レトリバーなどが属するスポーティング・ドッグは、ハンターの命令に従うように改良されたので、従順な個体が多いです。害獣退治を任されたテリアは、小型ながらエネルギッシュで、活発な性格をしています。

守る・助ける犬は、家畜を守ったり荷物を運んだりするワーキング・ドッグ、牧羊・牧畜の補助をするハーディング・ドッグの２グループ。前者はドーベルマンやシベリアン・ハスキーなどで、力強く勇敢な性格。後者は運動神経抜群で高い知能をもつ、ボーダー・コリーやシェパードが属します。

かわいがられる犬は、容姿の美しさが重視されるノンスポーティング・ドッグと、人を癒すトイの２つのグループです。前者はダルメシアンやプードル、後者はチワワやポメラニアンなどがあてはまり、社交的で遊び好きな犬種が多いです。

※グループ分けは、「AKC（アメリカン・ケネル・クラブ）」を参考にしています。

LESSON 5

行動の意味を探ろう［コミュニケーション編］

Q77 お尻のにおいを嗅ぎ合っているのはどうして？

犬ゴコロ
自己紹介しなきゃ

犬どうしがお互いのお尻を嗅ぎ合うのは「ぼくってこんなやつです」と自己紹介しているようなもの。初対面の犬どうしでやることが多い行動です。

お尻のにおいを嗅ぐのは、お互いの情報がわかる肛門腺のにおいを確認するのと、相手に友好的な気持ちを伝えるというふたつの目的があります。無防備なお尻を嗅がせることで、「けんかをする気はないよ」という意思をしめしているわけですね。わんこどうしが仲良くなるための最初のコミュニケーション法なのです。

犬の格言　お尻のにおいで自己紹介

Q78 寄りそって寝ている。仲良しなの？

犬ゴコロ

くっつくと暖かいな～

犬やオオカミは、仲間どうしで寄りそって寝る習性があります。なぜなら、みんなで寝ることで危険察知能力が高まるし、何かあったときにすぐに異変を伝えることができるから。

ただし、ペットとして平和に暮らしているわんこは、それほど警戒心をもっていません。そのため、仲がよくても、寄りそって寝ない子もいます。

比較的寄りそって眠る姿が見られるのは、冬。これは言わずもがな、暖をとるための行動。一年中くっついて寝る子は、甘えん坊かもしれませんね。

犬の格言 みんなで眠れば怖くない！

Q79 仲がよかったのに突然険悪ムード。どうして？

犬ゴコロ

あの子はわたさない！

一緒に暮らしている犬どうしが急に不仲になったら、焦ってしまいますね。とくに思いあたる原因がなければ、不仲の原因は恋のバトルかもしれません。オスどうしの場合、発情期になるとメスのわんこを巡って三角関係が勃発することがあります。

「近くにとり合うような女の子なんて……」という飼い主さん、油断することなかれ。生理後のメス犬のにおいは風下約２㎞も飛ぶとされ、広範囲でラブモードに巻きこまれる可能性があるのです。

犬の格言 友情より恋愛

Q80 トリミングサロンから帰ってきたら険悪に。どうして？

犬ゴコロ

どこ行ってたの!?

複数の犬と暮らしている場合、1匹だけをトリミングサロンに連れて行くと、いろいろな意味で犬どうしが険悪になる可能性があります。まず、連れて行かれたわんこは、我慢していた反動でイライラが爆発。お留守番していた犬に八つ当たりすることがあります。

一方、お留守番していたわんこは、「仲良くどこ行ってたの!?」と嫉妬でムカムカ。最近の研究で、犬は飼い主さんがほかの犬にかまうと、やきもちをやくことが解明されました。多頭飼いの場合、えこひいきは禁物ですね。

犬の格言 1匹連れだせば角が立つ

Q81 ほかの犬を見ると吠えるんだけど、犬が嫌いなの？

犬ゴコロ

ど、どうしよう

わけもなくほかの犬に吠える子は、犬どうしの接し方がわからず戸惑っているのかも。これは、親元から早くに離された犬によく見られる行動です。

犬は、親やきょうだいと過ごしながら、生後50～60日くらいかけてコミュニケーションに関わる脳を育みます。そのため、早くに親元から引き離されると、ほかの犬との接し方がわからず、困った行動が増えてしまうのです。

こういった傾向が問題視され、平成25年には、犬を生後56日まで親元に留めるよう、法律が変わりました。

犬の格言 コミュニケーションは見て学ぶ

Q82 首の後ろの毛が逆立っているのはどうして？

首の後ろの毛は、興奮してくると最初に逆立つところ。威嚇しているときに立つケースが多いですが、うれしいときに逆立つこともあります。

多いのは、見慣れないわんこや、カエルやバッタといった変な動きをする生き物など、好奇心をくすぐられるものを見つけたとき。わくわくしつつも、臆病で手が出せない。興味があるし、楽しそうだけど、ちょっと怖い。そんなとき、ぶわっと首から肩甲骨にかけて毛が立ちあがります。ちょっぴり小心者な、犬ならではの反応ですね。

犬ゴコロ

こ、怖いけど興味があるよ

犬の格言 興奮レベルは背中でわかる

Q83 ずっと後ろをついて歩いてくる。寂しがり屋なの?

犬ゴコロ

一緒にいないと不安……

飼い主さんと離れることへの不安が大きい状態です。こういう子は、「外出中はハウスで待機」などといった約束事がないため、飼い主さんがいなくなるとどうしていいかわからず、不安になっている可能性があります。

飼い主さんは「わたしがいなきゃダメなのね」と愛しくなるかもしれませんが、放っておくと延々吠え続けたり、かまってもらうために困った行動が多くなったりと、さまざまなトラブルを招くことが。早めにルールを決めて、わんこを安心させてあげてください。

犬の格言 ルールがないと不安でいっぱい

Q84

服のすそを引っぱってくる。何が言いたいの？

犬ゴコロ

ねぇねぇ、遊ぼうよ〜

子どもがお父さんの服のすそを引っぱって「ねぇねぇ」というのと同じ。「遊ぼうよ〜」と誘っているのです。

わんこは遊んでほしいとき、あの手この手で遊び相手を振り向かせようとします。そして、「この方法がのってくる確率高し！」と思ったら、その方法で相手を誘うようになります。洋服をよく引っぱられるなら、最初にわんこに引っぱられたとき、喜んで遊んであげたのでしょう。何ごとも経験から学んでいくわんこは、断られれば同じ方法はとりません。

犬の格言 人心掌握はお手のものだワン

Q85 ひざの上に前足をのせてくる。何が言いたいの？

犬ゴコロ

かまってよ～

床に座っていると、愛犬がひざの上にポンと足をのせてくるしぐさ。傍らには、お気に入りのオモチャが置いてあることも多いでしょう。これは、「かまって～」「このオモチャで遊ぼう♪」という、お誘いのメッセージです。

前足をポンとのせられて、つぶらな瞳で見つめられたら、無視できません。そんな人の心を、わんこも見抜いているのでしょう。服を引っぱるのと同じで、「これをするといいことがある！」という、わんこが経験で培った、レパートリーのひとつなのです。

犬の格言　壁ドンにも勝る「足ポン」

Q86 帰宅すると、玄関に入る前から吠えている。どうしてわかるの？

犬ゴコロ

足音が聞こえるんだ

人間よりも聴力が鋭いわんこは、音にとても敏感。飼い主さんが帰ってくるのも、足音でわかってしまいます。なかには、飼い主さんが乗っている車と同じエンジン音や、ポストを開ける音に反応して吠えだす子も。大好きな飼い主さんが帰ってくるのがうれしくて、先読みしているんですね。

飼い主さんの足音を聞き分けられるわんこは多く、宅配便の配達員さんの足音には反応しないのに、飼い主さんの足音だと玄関ドアの前に座って待っているという子もいますよ。

犬の格言 帰宅のサインは聞き逃さない

Q87 口もとをペロペロなめてくる。味がするのかな？

犬ゴコロ

甘えてるの♡

犬は赤ちゃんのとき、母犬の口もとをなめて、「ごはんちょうだい」と要求します。飼い主さんの口もとをなめるのも、これと同じ気分。飼い主さんを親だと思い、甘えているのです。

愛犬にペロペロなめられると、うれしくて、愛犬をなめ返す飼い主さんもいます。ところが、なめるのは好きでも、なめられるのは得意ではなく、「やめて」といやがったり、逃げたりすることが。犬ゴコロも複雑ですね。

女性の場合は、化粧品のにおいや味に反応しているケースもあります。

犬の格言　ペロペロなめて赤ちゃん気分

Q88 わたしに性格がそっくり！犬も飼い主に似るの？

犬ゴコロ

影響を受けることもあるんだ

家族の一員として暮らしていると、わんこも飼い主さんに似てくるよう。おだやかな老夫婦に飼われている犬は落ちついた子が多いし、小さい子どもがいるお家で、一緒に走り回っていればアクティブなわんこに育つもの。

気をつけたいのは、よいところだけでなく、悪いところも似てしまうこと。たとえば、飼い主さんが怒りっぽい性格だと、わんこもいきなりガウーッ！と怒りだすクセがあったりします。わんこを叱る前に「犬のふり見て我がふり直せ」かもしれませんよ。

犬の格言 夫婦も犬も似るもの

Q89

名前を呼んでも無視される。反抗期なの？

犬ゴコロ

どうせ何度も呼ぶんでしょ

名前を呼んだのに、チラッとも反応せずに無視。ちょっと落ちこみますね。この場合、わんこは「どうせ何回も呼ばれるし、それまで振り向かなくてもいいや」と飼い主さんに対して態度がビッグになっている場合が。反抗期かな？と思うかもしれませんが、そもそも犬に反抗期はありません。ただし、「この人に、これをやったらどんな反応するかな？」と飼い主さんを試す時期というのがある模様。こういう態度は、トレーニングしていくうちになくなるので、心配いりませんよ。

犬の格言 ツンデレ行動で情報収集

Q90

抱っこをすると「ウー」とうなる。抱き方がへたなの？

犬ゴコロ

抱っこが嫌いなの！

わんこはみんな抱っこが好きだと思ったら大間違い。抱っこが嫌いな子は、過去に、手でおさえつけられたりした経験があって、手でホールドされるのが苦手なのかも。ちなみに、小型犬のほうが抱っこ好きかと思いきや、そうでもありません。意外にも、おっとりした性格の大型犬のほうが抱っこ好きということも多いようです。

抱き方がへたな場合は、うなるより暴れることのほうが多いでしょう。これは、姿勢が不安定で体が落ちつかず、安定する位置を求めるためです。

犬の格言 「安定感」が抱っこの最重要項目

Q91 新しく生まれた赤ちゃんにべったり。気に入ってくれたの？

犬ゴコロ
守らないとっ

赤ちゃんにくっついて離れないのは、母性（父性）本能が芽生えているからかも。人間も犬も、赤ちゃんは頭が大きくて体がまるまるしているので、「生まれたばかり」ということは認識できると考えられます。そのため、「自分より弱い存在を守らなきゃ」と思っているのかもしれませんね。

一方、「変なやつが来たぞ」と警戒してくっついているケースも。へたに動いたり吠えたりして自分の存在に気づかれるのが怖いため、そばでじっと様子をうかがっているのです。

犬の格言 赤ちゃんへの反応は犬それぞれ

Q92 ボールを投げても追いかけない。遊びたくないの？

犬ゴコロ

好きじゃないんだよ～

飼い主さんがボールを投げても追いかけないなら、そのわんこはボールに興味がないのでしょう。

なかには、目が悪くて見えていないケースもあります。しかしこれは、ボールが止まっているときの話。たしかに犬は色の区別がはっきりせず、視力はさほどよくありませんが、動体視力は人間よりずっと発達しています。

ちなみに、ゴールデンレトリバーやワイマラナーなど、狩猟犬として活躍していた品種は、ボール遊びを好む子が多いようです。

犬の格言 ボール好きも犬それぞれ

Q93 けんかをしていると間を横切ってくる。かまってほしいの？

犬ゴコロ

まぁまぁ

だれかがけんかをしていると、犬が絶妙なタイミングで間をす～っと横切ることがあります。すると、緊迫した空気が一瞬でなごみますよね。

じつはこれ、犬がけんかを止めようとしているのです。もともとは、犬どうしがけんかしそうな雰囲気のとき、仲間の犬がとる行動。人と暮らしているわんこは、人間どうしがけんかしているときも輪を乱すまいと、「まあまあ落ちついて」と入ってくるというわけ。愛犬のおかげで仲直りできたら、おもいっきり褒めてあげたいですね。

犬の格言 夫婦げんかは犬が仲裁

COLUMN

犬流！ けんかの仲裁法

平和主義者のわんこは争いごとが嫌い。犬どうしがにらみ合って、一触即発！ という場面に遭遇すると、2匹の真ん中をふわ〜っと通って、その場の空気をやわらげます。犬には、群れとして争いを避けようとする本能があるのです。

けんか中の仲間に向かって吠えるのは、興奮させることになってしまい逆効果。無言で間に入るのは「けんかをやめて！」というメッセージを伝える、ボディーランゲージなんですね。

こんな犬ゴコロも

けんかになっちゃうよ？

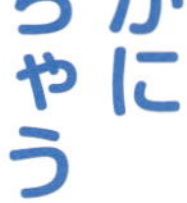

マンガを真剣に読んでいたり、じーっとスマートフォンの画面を見ていたりするときも、犬が間に入ってくることがあります。相手が何であれ、にらんだような顔で見ていたら、犬は緊張状態と判断するよう。けんかだけでなく緊張や過度に集中した状態が苦手なわんこ。とにかくその場をなごませたくなっちゃうのです。

Q94

泣いていたら、頬をなめられた。なぐさめてくれてるの？

犬ゴコロ

この水、味がする！

残念ながら、わんこは「なぐさめる」という行動はできません。だから、涙をなめたとしても、そこに水があるからなめてみただけ。「ちょっとしょっぱい」と思っているかも。

犬はけっこう自己チューな動物。飼い主さんがブルーな気分のときにそばに行くと抱っこしてもらえると学習する子もいます。人間は犬の行動を都合のいいように解釈しがちですが、犬ゴコロはもっと単純なもの。ただ、そんなお気楽なわんこを見てると、涙も笑顔に変わっちゃいますよね。

犬の格言　しょっぱい水よ、笑顔に変われ！

Q95 体をこすりつけてくる。かゆいのかな？

犬ゴコロ

甘えたいな♡

わんこが体をくねらせながら、足や背中にすり寄って来たら、それは愛情表現。犬は飼い主さんに甘えたいとき、体をこすりつけたり、押しあてたりしてきます。飼い主さんとスキンシップしたいというサインなので、なでたり抱っこしたりして、わんこの気持ちにこたえてあげて。

ただし、「かゆい〜」という気持ちで体をこすりつけてくるケースも。「甘えてる」と思って、たくさんなでたつもりが、洋服が毛だらけになっていた、なんてちょっとせつないですね。

犬の格言 ベタベタはスキンシップのサイン

Q96

突然手にかみついてくる！ 何が不満なの？

犬ゴコロ

手が怖いよ～っ

突然かむのは、「叩かれた」「おさえつけられた」など、手にまつわるいやな思い出がある子に多い行動。とくに、思いもよらないタイミングで手が動くと、「やられる前にやらないと！」と、焦ってガブッとかんでしまいます。

子犬のころに、スパルタ教育で叩かれてしつけられた子は、相手の動きを止めようと、おもいっきりかみついて離さなくなることがあります。凶暴に感じますが、それだけ昔の体験が怖かったということ。自分を守ろうとする本能が強く働いてかんでしまうのです。

犬の格言 やられる前にやれ！

こんな犬ゴコロも

とっさにかんじゃった(汗)

かんだあとペロペロなめるのは「やべっ、やっちゃった」と、自分のやったことをごまかす行動。子犬などが、じゃれているとき、勢いあまってうっかりかんじゃった！　という感じ。ペロペロなめるのは「ごめんなさい」という反省の意味ではなく、「かんでないも〜ん。なめたんだも〜ん」と言い訳しているようなものです。

こんな犬ゴコロも

かむつもりはないよ〜

体をあお向けにして口をあけ、歯をあててくるのは「かまないよ」のサイン。おなかを見せていることからも、敵意はゼロ。傷を負わせようという気はさらさらなく、喜んでいるときや、ちゃめっけたっぷりに「遊ぼうよ」と誘うときのしぐさです。ただし、興奮してくるとついかんでしまうこともあるのでご注意を。

Q97

足にマウンティングされる。犬だと思っているの？

犬ゴコロ

やらせてくれるんだもん♡

マウンティングは、犬が本能的にやる動き。「上下関係を主張する」といわれたりもしますが、実際はあまり関係がないよう。わんこにとっては、相手が受け入れてくれるかどうかがいちばんのポイントです。これは、上司が「がんばってるか？」と肩を組むのと近い行為。「セクハラです！」と拒否されれば、やらなくなりますよね。

わんこも、拒否する人にはやりません。黙ってやらせていると「なんか楽しいし～」と、その行動自体がおもしろくて、クセになっていくのです。

犬の格言 受け入れてくれる人には甘えるべし

Q98

遊んでいたのに急にテンションダウン。どうして？

犬ゴコロ

疲れちゃった

遊んでいるとき、犬が急に態度を変えるのは疲れたとき。ちょっと遊び過ぎかもしれません。テンションが落ちるまで遊んでいると、遊びに対して疲れるという印象をもってしまいます。

わんこと遊ぶときは、楽しいうちにやめるのがコツ。すると、次に遊ぶとき「待ってました〜！」とスタートできます。テーマパークで遊ぶときも、一日で全部のアトラクションに乗れないからこそ「また来よう」と思いますよね？ わんことの遊びも同じ。「もうちょっと」が、やめどきなのです。

犬の格言 遊びは飽きる前にやめよ

Q99

体をかくとつられて足が動く。自分でかいているつもり？

犬ゴコロ

ついつい動いちゃうの

耳の後ろや首をかいてあげると、足を動かして自分でかいているようなしぐさをします。

これは、ちょうどかゆいところをかいてもらえたので、気持ちよさのあまりつい足が動いてしまった反射行動。飼い主さんがかいてくれていることはちゃんとわかっています。「く〜っ、そこそこ！」という快感で、勝手に足が動いてしまうんですね。そんなときのわんこは「いー」と歯をくいしばるような表情のはず。これは犬が気持ちいいときに見せる表情です。

犬の格言 ばた足は、気持ちいいのサイン

犬と飼い主

Q100 お尻を向けて座るのは、わたしを見たくないから？

犬ゴコロ 安心できる人！

お尻を向けて寝ているからといって、わんこが飼い主さんを嫌いになったわけではありません。犬が、自分のいちばん無防備なところを見せて寝るのは、相手を信頼している証拠。飼い主さんとしては、むしろ喜ぶべきシチュエーションなのです。

お尻を向けているけれど、飼い主さんにちょっとだけ体がくっついてるなんてこともありますね。こんなときは、なでたりマッサージしたりするといいかも。飼い主さんの愛情をたっぷり感じてくれますよ。

犬の格言 信頼できる人にはお尻を向けよ！

犬の4コマ劇場 コミュニケーション編

ど真ん中
グミは人間のフトンで一緒にねます
仕事で夜ふかしなので
よいしょ
先にフトンをしいてあげます
ホリホリ
じゃあお先に失礼して…
ど真ん中占領…
……
ど〜ん
せめてタテにねて…

わたしたちのあいだ
いっそのこと会話できたらな
おなかいたいの
え!? どのへん?・いつから?
そう考えて思いなおす
一生けんめい伝えようとすることを
一生けんめいわかろうとする
それこそが尊いことなんだなって

チャートでわかる!

もしもあなたが犬だったら?

あなたを犬に例えると?
性格診断を参考に、
人気の犬種に当てはめちゃいます。

YES →
NO …>

START

友だちが多いほう

カラオケでアップテンポな歌が歌えない

人に従うより、自分の考えで行動したい

ひとりでごはんを食べるのがいや

いやなことはいやだとはっきり言う

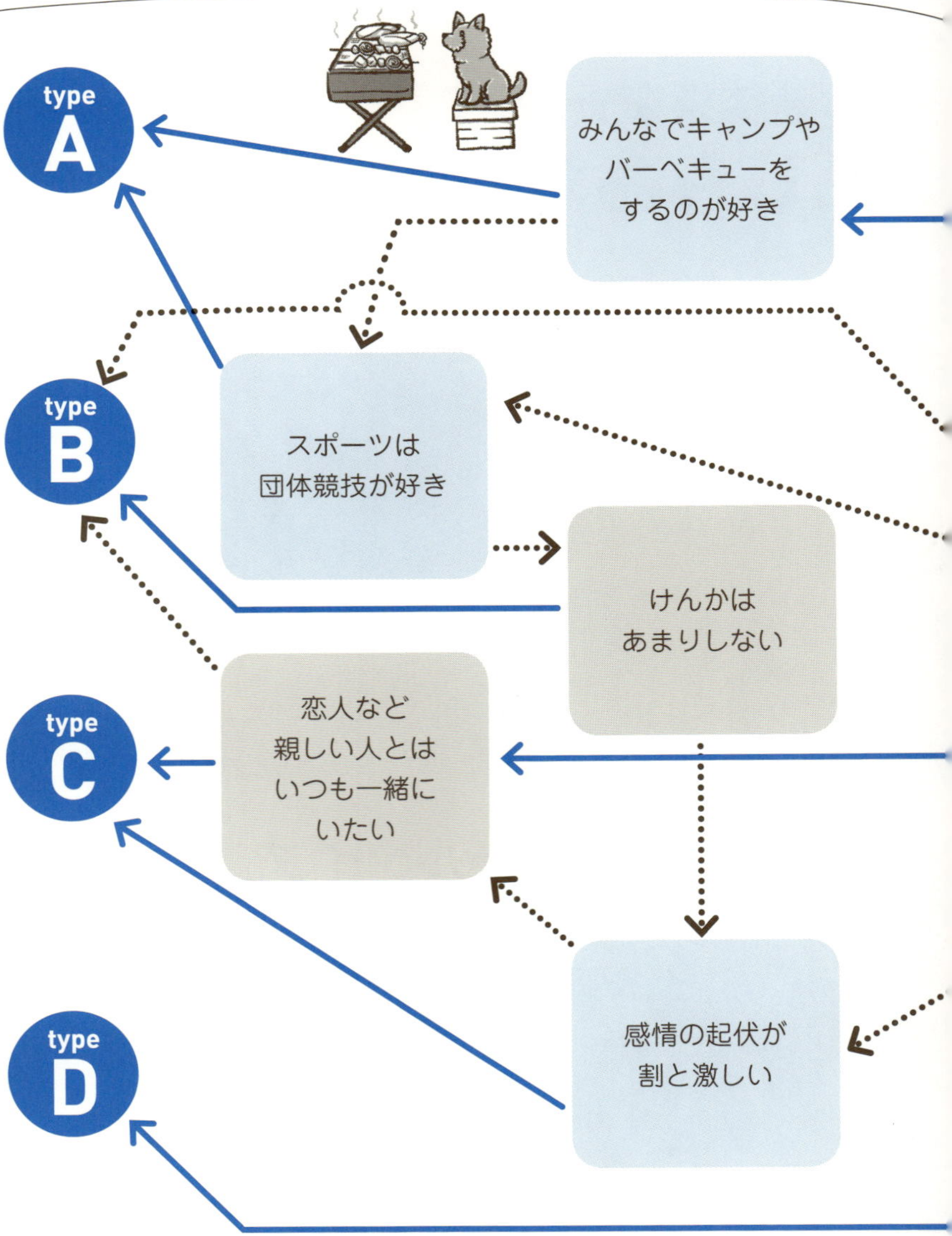
type A
type B
type C
type D
みんなでキャンプや
バーベキューを
するのが好き
スポーツは
団体競技が好き
けんかは
あまりしない
恋人など
親しい人とは
いつも一緒に
いたい
感情の起伏が
割と激しい

詳しい結果は次のページ

診断結果をチェック！
もしもあなたが犬だったら？

type A ゴールデンレトリバータイプ

ズバリ、こんな性格！

ゴールデンレトリバーは友好的で社交性の高さが特徴。また、おっとりとしていて心優しい癒やし犬です。このタイプのあなたは、友だちや家族との関係も良好で充実な生活を送っていることでしょう。

type B トイ・プードルタイプ

ズバリ、こんな性格！

頭がよくて、自立したあなたは、プードルタイプ。親しい人に対しては深い愛情を見せるものの、ベッタリとした関係は望みません。人に振り回されることなく、適度な距離感で自由に好きなことを謳歌している人です。

type C ダックスフンドタイプ

ズバリ、こんな性格！

ノリがよくて人なつっこいあなた。ハメを外しすぎることもありますが、アイドル的な存在で、つねに賑やかに過ごしていることでしょう。その反面、ひとりでいることが苦手で、人に認められたい願望が強いようです。

type D 柴犬タイプ

ズバリ、こんな性格！

警戒心が強く、自分が認めた相手にしか心を開かないあなたは柴犬タイプ。自分の意見をしっかりと持ち、まわりに認めさせる力もあります。クールで周囲の人からは恐れられているか、尊敬されているかどちらかです。

な行

は行

ま行

や行

ら行

わ行

INDEX

※鳴き声は太字で示しています

監修
井原 亮（いはら りょう）
SkyWan! Dog School 代表。家庭犬しつけインストラクター。グループレッスンをはじめ、犬の保育園や問題行動トレーニング、パピーパーティ、出張レッスン、しつけ相談会など、活動は多岐にわたる。著書は『ひとり暮らしで犬を飼う』『はじめてのトイ・プードルの育て方』（大泉書店）など。

Special Thanks　平山可保里

スタッフ
カバーデザイン　松田直子
本文デザイン　倉又美樹（Zapp!）
イラスト・マンガ　真希ナルセ
執筆協力　加茂直美
編集協力　株式会社スリーシーズン
（伊藤佐知子／朽木 彩）

コラム参考文献
『ペットは人間をどう見ているのか　イヌは？ネコは？小鳥は？』支倉槇人 著（技術評論社）／『なるほどわんコ行動学』武内ゆかり 監修（学研）／『新装版 犬の行動と心理』平岩米吉 著（築地書館）

犬語レッスン帖

2021年5月31日　第11刷発行

監修者　井原　亮
発行者　鈴木伸也
発行所　株式会社大泉書店
〒105-0004　東京都港区新橋 5-27-1
新橋パークプレイス 2F
電話　03-5577-4290（代表）
FAX　03-8877-4296
振替　00140-7-1742
URL　http://www.oizumishoten.co.jp/
印刷所　ラン印刷社
製本所　明光社

ISBN978-4-278-03938-2　C0076